天然

手揉面包全书

彭依莎 主编

江西科学技术出版社

图书在版编目（CIP）数据

天然手揉面包全书 / 彭依莎主编. -- 南昌 ：江西
科学技术出版社，2019.5
ISBN 978-7-5390-6621-9

Ⅰ．①天… Ⅱ．①彭… Ⅲ．①面包—制作 Ⅳ.
①TS213.21

中国版本图书馆CIP数据核字（2018）第259550号

选题序号：ZK2018326
图书代码：B18238-101
责任编辑：张旭　李智玉

天 然 手 揉 面 包 全 书
TIANRAN SHOU ROU MIANBAO QUANSHU

彭依莎　主编

摄影摄像	深圳市金版文化发展股份有限公司
选题策划	深圳市金版文化发展股份有限公司
封面设计	深圳市金版文化发展股份有限公司
出　　版	江西科学技术出版社
社　　址	南昌市蓼洲街2号附1号
	邮编：330009　电话：（0791）86623491　86639342（传真）
发　　行	全国新华书店
印　　刷	深圳市雅佳图印刷有限公司
开　　本	787mm×1092mm　1/16
字　　数	200千字
印　　张	16
版　　次	2019年5月第1版　2019年5月第1次印刷
书　　号	ISBN 978-7-5390-6621-9
定　　价	49.80元

赣版权登字：-03-2019-053

Contents 目录

[Part 1]
面包制作的基础知识

[Part 2]
日常的美味面包

Part 3
有料的点心面包

Part 4
有趣的造型面包

Part 5
百变的料理面包

Part 1

面包制作的基础知识

没有什么比新鲜出炉的面包味道更好的了。手做面包令无数人着迷，但对于一些新手来说，亲手做面包真是一个挑战。其实，只要你掌握了面包制作的基础知识，即使是面包新手也能做出让人念念不忘的美味面包。

制作面包的常备工具

做面包有许多专用的工具，而这些工具都是一般家庭厨房没有的。想制作出美味可口的面包，就必须要提前准备好各种所需工具，下面介绍制作面包时需要用到的最基本的工具。

电子秤

电子秤，又叫电子计量秤，在西点制作中用来称量各式各样的粉类（如面粉、抹茶粉等）、细砂糖等需要准确称量的材料。

刮板

刮板又称面铲板，是制作面团后刮净盆子或面板上剩余面团的工具，也可以用来切割面团及修整面团的四边。

擀面杖

擀面杖是用来压制面皮的工具，多为木制。擀面杖在面点制作时的使用频率最高，例如面包、挞皮等。

筛网

筛网用于过筛粉类，由于粉类放置过久会吸收空气中的水分凝结成块，所以需要用筛网筛过后才能使用，否则会影响成品的口感。

锯齿刀（面包刀）

齿形面包刀形如普通厨具小刀，但是偏长，刀面带有齿锯，一般适合用于切开烤好的面包。

保鲜膜

保鲜膜用于将制作好的面团封住，是烘焙中常用的工具。使用保鲜膜擀出的面皮表面光滑，制作出的烘焙产品更加美观。

烘焙油纸

烘焙油纸用于烤箱内烘烤食物时垫在底部，防止食物粘在模具上导致清洗困难。其好处是能保证食品干净卫生。

裱花袋

裱花袋可以用于挤出花色面糊，还可以用来装上巧克力液做装饰。搭配不同的裱花嘴可以挤出不同的花形，可以根据需要购买。

电动打蛋器

电动打蛋器使用范围更广，搅打频率较高，例如打发蛋白、打发淡奶油等环节都需要借助电动打蛋器。

手动打蛋器

手动打蛋器适用于打发少量的黄油，或者某些不需要打发，只需要把鸡蛋、糖、油混合搅拌的环节，使用手动打蛋器会更加方便快捷。

BREAD 制作面包的必备材料

　　在制作面包过程中，需要运用到各种各样的材料，其中，基本材料共有三种，分别是面粉、水、酵母，再加上其他多种材料，赋予了面包不同的口感和风味。

面粉

　　通常使用的面粉可分为高筋面粉、中筋面粉及低筋面粉。高筋面粉筋度大，有黏性，用手抓不易成团。中筋面粉呈半松散质地，筋度和黏度较均衡。低筋面粉用手抓易成团，可以使烘焙产品的口感较松软。

水

　　是唯一可以调节温度的材料，水温可以影响面包发酵进行的状态。

酵母

　　酵母是使面包发酵的材料，同时富含有丰富的蛋白质、氨基酸、维生素和微量元素，有利于人体吸收。

牛奶

　　牛奶中含有乳糖，可以使烤出来的面包变成金黄色，口感更加松软，更具香味。

鸡蛋

在制作面包过程中，常用到鸡蛋，它能增加面包表面光泽。从冰箱里拿出来的鸡蛋，宜放置到室温后再使用。

奶粉

在制作面包时，使用的奶粉通常都是无脂无糖奶粉，它比牛奶更耐存放，又可以取代牛奶的作用，是非常方便的面包材料。

细砂糖

细砂糖是经过提取和加工以后结晶颗粒较小的糖。不仅可以增加面包甜味，还能使面包质地更湿润、柔软。

盐

盐可以为面包增添滋味，还能够调整面团的发酵速度，也具有收紧面包的作用。

黄油

从牛奶中提炼出来的油脂，做面包使用的多是无盐黄油，通常需要冷藏储存，使用时要提前室温软化，若温度超过34℃，黄油会呈现为液态。

蜂蜜

蜂蜜即蜜蜂酿成的蜜，主要成分有葡萄糖、果糖、氨基酸，还有各种维生素和矿物质，是一种天然健康的食品。

制作面包的基本流程

面包的制作需要掌握十步流程，按部就班将面包制作的系统知识学会，就能玩转烘焙面包，成为面包大师！

混合

将配方中的干性材料和湿性材料混合，通常盐和无盐黄油除外，这两种材料需要在揉的步骤中放入，不同的配方也有些许出入。

揉第一阶段

先揉除了盐和无盐黄油的干性和湿性材料。面团湿黏粘手是正常的现象，可以借助刮板将材料聚合在一起，这一过程大约需要10分钟。在这个过程中，不可以随意添加配方外的粉类。

揉第二阶段

将成形的面团擀平，包入无盐黄油、盐，继续揉至面团与之完全融合。除了揉外，还需要用上全身的力气进行甩打的动作，增加面团的筋性。最后，面团会变得十分光滑，并且能拉出薄膜。这一过程大约需要15分钟。然后把面团放入盆中，盖上保鲜膜进行基本发酵。

第一次发酵

它又叫基本发酵，是为了让面团产生二氧化碳，使体积膨胀。发酵时应覆上保鲜膜，制造一个封闭的环境，防止面团水分流失，导致面团表皮硬化。发酵的最佳温度是28～30℃，时间是50分钟左右。第一次发酵后，轻轻挤压面团使面团排气，排气后，面团的酵母活性及面的筋性得到增强。

5 分割

完成基本发酵后，根据制作的面包所需的面团分量，将面团均匀地分成若干个小面团。

6 揉圆

先将面团的外边向内折，收口朝下放置在桌面上，用手掌覆盖整个面团，把面团揉圆，这样可以将气体保留在面团内。

7 第二次发酵

它又叫中间发酵，也叫松弛。揉圆后，面团会变得相对紧绷，将面团静置，让紧绷的面团松开，方便成形，发酵时最好覆盖保鲜膜，防止水分流失。常温下松弛15分钟即可，如果室内温度低于25℃，可以在面团周围放几杯温水，使温度和湿度达到一定的条件。

8 整形

根据所制作的面包造型，将面团揉成不同的形状。整形的方式不一样，面包的口感也会出现变化。

9 第三次发酵

它也叫最后发酵。整形后的面团同样会变得紧绷，发酵所需的时间根据环境不同，需做出调整。包馅料的面包，或者表面需刷全蛋液的面包，既可以在最后发酵前进行，也可以在发酵好后进行。

10 烘焙

烘烤的温度和时间会因烤箱的功能有所变化，所以有必要进行烤箱的温度测试。本书中的温度仅供参考，读者需根据实际情况，略微调节烤箱温度或烘烤时间。

Tips：本书所提到的发酵是指在室内温度约30℃的环境下进行的。若室内温度低于30℃，需要根据实际温度，将发酵时间延长10～20分钟，发酵最后需使面团的体积膨胀至原来的两倍大。

BREAD 面包制作答疑解惑

面包制作的基本流程其实并不复杂，但为什么还是会失败？有很大的可能是制作面包的基本操作流程出了问题，导致前功尽弃。下面是面包制作过程中会遇到的常见问题。

如何整合黏糊糊的面团？

面团黏糊糊是因为面团中的面筋组织没有完全形成，可能是添加的水分过多或是盐分过少。如遇到面团黏糊糊失去弹力的情况，可将最后发酵的温度调高，同时降低发酵的湿度，在滚圆和整形步骤时，需采用更强的力道，尽可能引发出面团的面筋弹性。

如何适当缩短发酵时间？

加快面包发酵，使其快速膨胀，可采用以下三种方法：

（1）增加酵母的用量，使其在短时间内产生大量二氧化碳，使面包膨胀。

（2）在面团中添加助氧化剂，以增强面筋组织及面团对气体的保存度。

（3）通过适当提高发酵温度，以提高酵母活性，尽快产生二氧化碳气体，使面团膨胀。

如何减少大型面包烘烤后的塌陷现象？

大型面包在烘烤完成后，常会出现面中央塌陷的现象，可能造成的原因是烘烤时间不足、面团过于柔软或是面团与所使用模具分量不符。此外，高温烘烤后的面包，放在室温中冷却，会使面包内部的水汽向外层释放，并使其软化，而导致中央塌陷。

将面包从烤箱取出后，连同模具用力敲扣在工作台上，使水汽尽早排出，减少面包表层的湿气，同时可在面包内部形成大气泡，使柔软部分组织更稳定。

Part 2
日常的美味面包

　　面包的制作步骤看似繁杂，其实可以很简单！该揉面时就揉面，醒面时该花时间等待就花时间等待，让赋予面包风味跟香气的酵母努力工作，制作出天然的美味面包。

芝麻小餐包

⏱ 烘焙：15分钟　🍲 难易度：★☆☆

🧂材料

面团：高筋面粉90克，低筋面粉22克，细砂糖22克，奶粉5克，酵母粉3克，鸡蛋液15克，牛奶18毫升，无盐黄油15克，盐2克，清水15毫升；**装饰**：鸡蛋液适量，白芝麻适量

👨‍🍳做法

1　将高筋面粉、低筋面粉、奶粉倒入玻璃碗中，用手动搅拌器搅拌均匀。

2　倒入细砂糖，搅拌均匀。

3　将酵母粉、清水倒入小碗中，用手动搅拌器搅拌匀。

4　将酵母水、牛奶、鸡蛋液放入玻璃碗中，翻拌成面团。

5　取出面团放在操作台上，反复将其按扁、揉扯、滚圆。

6　再将面团按扁，放上无盐黄油、盐，揉搓至混合均匀。

7　反复甩打面团至起筋，再滚圆。

8　将面团放回大玻璃碗中，封上保鲜膜，发酵40分钟。

9　取出面团，分切成4等份的小面团，搓圆。

10　将小面团放在铺有油纸的烤盘上，再放入已预热至30℃的烤箱中层，发酵30分钟。

11　取出发酵好的面团，刷鸡蛋液，撒上白芝麻。

12　再放入已预热至180℃的烤箱中层，烤约15分钟即可。

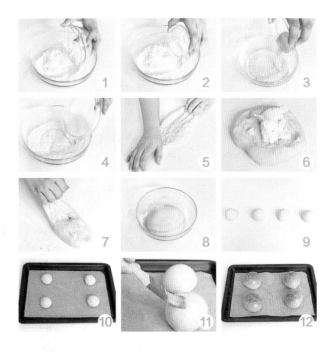

烘焙妙招

　　要用刮板将玻璃碗中的面团尽可能刮干净，以免材料分量变少。

抹茶小餐包

🕐 烘焙：15分钟　🍲 难易度：★ ☆ ☆

🍲 材料

高筋面粉115克，低筋面粉35克，鸡蛋液15克，抹茶粉10克，
牛奶50毫升，奶粉15克，酵母粉3克，细砂糖20克，盐2克，
无盐黄油15克，清水20毫升，白芝麻适量

👨‍🍳 做法

1. 将高筋面粉、抹茶粉、奶粉、低筋面粉倒入玻璃碗中。
2. 加入细砂糖，倒入盐拌匀。
3. 将牛奶、酵母粉装入小玻璃碗中，拌匀，制成酵母液。
4. 将酵母液、鸡蛋液、清水倒入大玻璃碗中，用橡皮刮刀翻压几下，再用手揉成团。
5. 揉至面团混合均匀。
6. 将面团放在操作台上，将其反复揉扯，再卷起。
7. 反复几次，将卷起的面团稍稍搓圆、按扁。
8. 放上无盐黄油，收口、揉匀，再将其揉成纯滑的面团。
9. 将面团放回至大玻璃碗中，封上保鲜膜，发酵30分钟。
10. 撕开保鲜膜，取出面团，分成4等份，再收口、搓圆。
11. 各沾裹上一层白芝麻，放在铺有油纸的烤盘上。
12. 将烤盘放入已预热至30℃的烤箱中发酵30分钟，再以上、下火165℃烤15分钟即可。

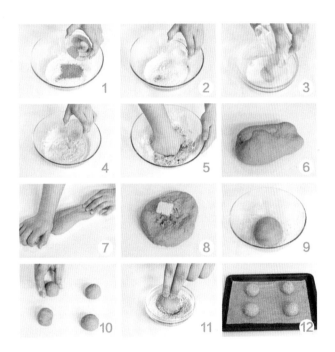

烘焙妙招
　　要以画圆圈的方式将材料搅拌均匀。

彩蔬小餐包

⏱ 烘焙：10~12分钟　🍲 难易度：★☆☆

📖 **材料**

面团：高筋面粉200克，细砂糖25克，酵母粉4克，鸡蛋1个，牛奶30毫升，无盐黄油30克，盐4克；**其他**：洋葱50克，红甜椒30克，胡萝卜20克，培根15克，全蛋液适量

扫一扫学烘焙

👨‍🍳 **做 法**

1 将面团材料中的粉类（除盐外）放入大盆中搅匀后，加入牛奶和鸡蛋，拌匀并揉成团。

2 加入无盐黄油和盐，慢慢揉均匀。

3 把面团稍压扁，加入切碎的洋葱、红甜椒、胡萝卜和培根，用刮板将面团对半切开，叠加在一起后再对半切开，重复上述动作，揉匀。

4 把面团放入盆中，盖上保鲜膜发酵25分钟。

5 取出面团，分成4等份，揉圆，放在烤盘上。

6 最后发酵50分钟（在发酵的过程中注意给面团保湿，每过一段时间可以喷少许水）。

7 待发酵完后，在面团表面刷上全蛋液。

8 烤箱以上火190℃、下火180℃预热，将烤盘置于烤箱中层，烤10~12分钟，取出即可。

🥄 **烘焙妙招**

　　面团发酵时注意不要放在通风的地方，以免面皮发干。

核桃小餐包

⏱ 烘焙：15分钟　🍲 难易度：★☆☆

🏺 材料

面团：高筋面粉100克，奶粉4克，细砂糖13克，酵母粉3克，鸡蛋液8克，牛奶8毫升，清水55毫升，无盐黄油15克，盐2克；**装饰：**鸡蛋液适量，核桃仁碎12克

👨‍🍳 做法

1. 将高筋面粉、奶粉、细砂糖倒入大玻璃碗中，用手动搅拌器搅拌均匀。
2. 将酵母粉倒入装有清水的碗中，用手动搅拌器搅拌至混合均匀。
3. 往装有高筋面粉的大玻璃碗中倒入鸡蛋液、牛奶、酵母水，翻拌均匀成无干粉的面团。
4. 取出面团放在操作台上，反复将其按扁、揉扯拉长，再滚圆。
5. 再将面团按扁，放上无盐黄油、盐，揉搓至混合均匀，反复甩打面团至起筋，再滚圆。
6. 将面团放回至原大玻璃碗中，封上保鲜膜，静置发酵约40分钟。
7. 取出面团，分成4等份，分别收口、滚圆。
8. 将小面团放在铺有油纸的烤盘上，放入已预热至30℃的烤箱中层，二次发酵约30分钟。
9. 取出面团，刷上鸡蛋液，再放上核桃仁碎。
10. 再将烤盘放回至已预热至180℃的烤箱中层，烤约15分钟。

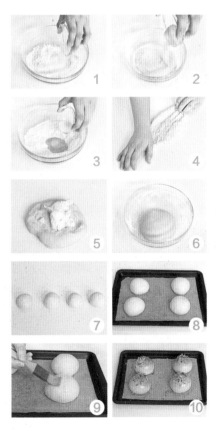

年轮小餐包

🕐 烘焙：18分钟　📖 难易度：★★☆

🍳 材料

面包体：高筋面粉125克，细砂糖20克，速发酵母粉1克，牛奶63克，无盐黄油13克，盐1克；**表面装饰**：低筋面粉93克，水93克，无盐黄油75克，盐1克

👨‍🍳 做法

1. 盆中加入高筋面粉、细砂糖、速发酵母粉、牛奶。
2. 用刮刀从盆的边缘往里混合材料，和成团。
3. 揉至面团成延展状态，加入无盐黄油和盐，继续揉至呈光滑的面团。
4. 把面团放入盆中，盖上湿布或保鲜膜松弛约25分钟。
5. 锅中倒入水、无盐黄油和盐，用中火搅拌均匀。
6. 继续煮至边缘冒小泡，转小火，加入低筋面粉迅速搅拌均匀做成泡芙酱，装入裱花袋中备用。
7. 面团分成5等份，揉圆放置在油布上，盖上湿布静置发酵50分钟至面团呈两倍大。
8. 把面团放烤盘上，在面团表面挤上泡芙酱。
9. 放入已预热至180℃的烤箱中烤18分钟即可。

> **烘焙妙招**
>
> 　揉搓面团时，如果面团粘手，可以撒上适量面粉。

南瓜小餐包

🕐 烘焙：22分钟　🍲 难易度：★★☆

📋 材 料

高筋面粉400克，南瓜泥200克，酵母粉8克，细砂糖50克，盐5克，葡萄籽油30毫升，无盐黄油45克，清水50毫升，蛋白适量，南瓜子适量

👨‍🍳 做 法

1 将高筋面粉、酵母粉、细砂糖、盐倒入玻璃碗中搅匀。

2 倒入葡萄籽油、南瓜泥、清水，用橡皮刮刀翻拌几下，再用手揉成无干粉的面团。

3 取出面团，放在干净的操作台上，反复揉扯，再搓圆。

4 将面团按扁，放上无盐黄油，揉匀至面团光滑。

5 将面团滚圆，放回至大玻璃碗中，封上保鲜膜，室温环境中静置发酵10~15分钟。

6 撕开保鲜膜，用手指戳一下面团，以面团没有迅速复原为发酵好的状态。

7 取出面团，用刮板分成3等份，收口、搓圆。

8 刷上一层蛋白，沾裹上一层南瓜子，制成南瓜面包坯。

9 取烤盘，铺上油纸，放上南瓜面包坯，再放入已预热至30℃的烤箱中发酵30分钟。

10 将烤盘放入已预热至180℃的烤箱中层，烤22分钟即可。

烘焙妙招

对于质地柔软的面包，刚开始揉面时往往会特别黏，但千万别因此就撒上面粉，而要有耐心地不断搓揉，直到面团结成一块。

胚芽芝士小餐包

🕐 烘焙：18~20分钟　🍲 难易度：★☆☆

📖 材料

面团：高筋面粉270克，低筋面粉30克，小麦胚芽16克，细砂糖30克，酵母粉3克，鸡蛋1个，盐2克，植物油15毫升，牛奶150毫升；**馅料**：芝士（切丁）120克

扫一扫学烘焙

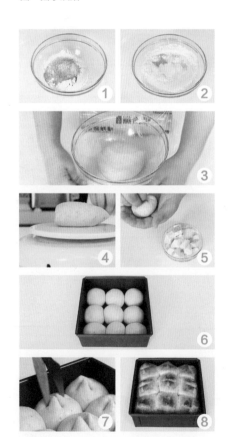

👨‍🍳 做法

1 把高筋面粉、低筋面粉、小麦胚芽和酵母粉放入大盆中搅匀，加入细砂糖、鸡蛋。

2 加入盐、牛奶和植物油，揉成团。

3 取出面团放在操作台上，揉成一个光滑的面团，放入盆中，包上保鲜膜发酵25分钟。

4 取出发酵好的面团，分成9等份，揉圆，表面喷少许水松弛10~15分钟。

5 分别把面团稍压扁后，包入一块芝士丁，收口捏紧。

6 把小面团放入模具中，最后发酵60分钟。

7 待发酵完后，在每个小面团表面剪出十字。

8 烤箱以上火175℃、下火160℃预热，将烤盘置于烤箱的中层，烘烤18~20分钟，取出即可。

烘焙妙招

　　和面时要和得均匀，发酵后的成品才会更有弹性。

牛奶小餐包

⏱ 烘焙：18分钟　🍲 难易度：★★☆

📋 材料

液种面糊：冷开水85克，高筋面粉18克；**主面团**：牛奶150毫升，高筋面粉320克，酵母粉3克，细砂糖30克，盐1克，植物油30毫升；**表面装饰**：全蛋液适量，白芝麻适量

👨‍🍳 做法

1　往18克高筋面粉中加入冷开水搅匀，倒入锅中加热，煮至浓稠，制成液种面糊。

2　将主面团材料中的所有粉类放入盆中搅匀，加入液种面糊、牛奶和植物油，揉成光滑的面团，盖上保鲜膜发酵20分钟。

3　将面团分12等份揉圆，松弛15分钟，擀平，卷成橄榄形，发酵60分钟，刷全蛋液，撒白芝麻，入烤箱以上、下火175℃烤18分钟即可。

盐奶油面包

⏱ 烘焙：20分钟　🍲 难易度：★☆☆

📋 材料

面团：高筋面粉200克，酵母粉2克，细砂糖15克，鸡蛋1个，盐1克，牛奶80毫升，无盐黄油20克；**馅料**：有盐黄油5克；**表面装饰**：全蛋液适量

👨‍🍳 做法

1　牛奶加热至35℃，倒入酵母粉混合均匀。

2　将高筋面粉、细砂糖、盐倒入盆中，加入鸡蛋、牛奶液、无盐黄油，揉匀，放入盆中，盖上保鲜膜，发酵约15分钟。

3　取出面团，分割成8等份，揉圆，表面喷水松弛10~15分钟后，擀平，放入有盐黄油，卷起成橄榄形，发酵60分钟，刷全蛋液，入烤箱以上、下火180℃烤20分钟即可。

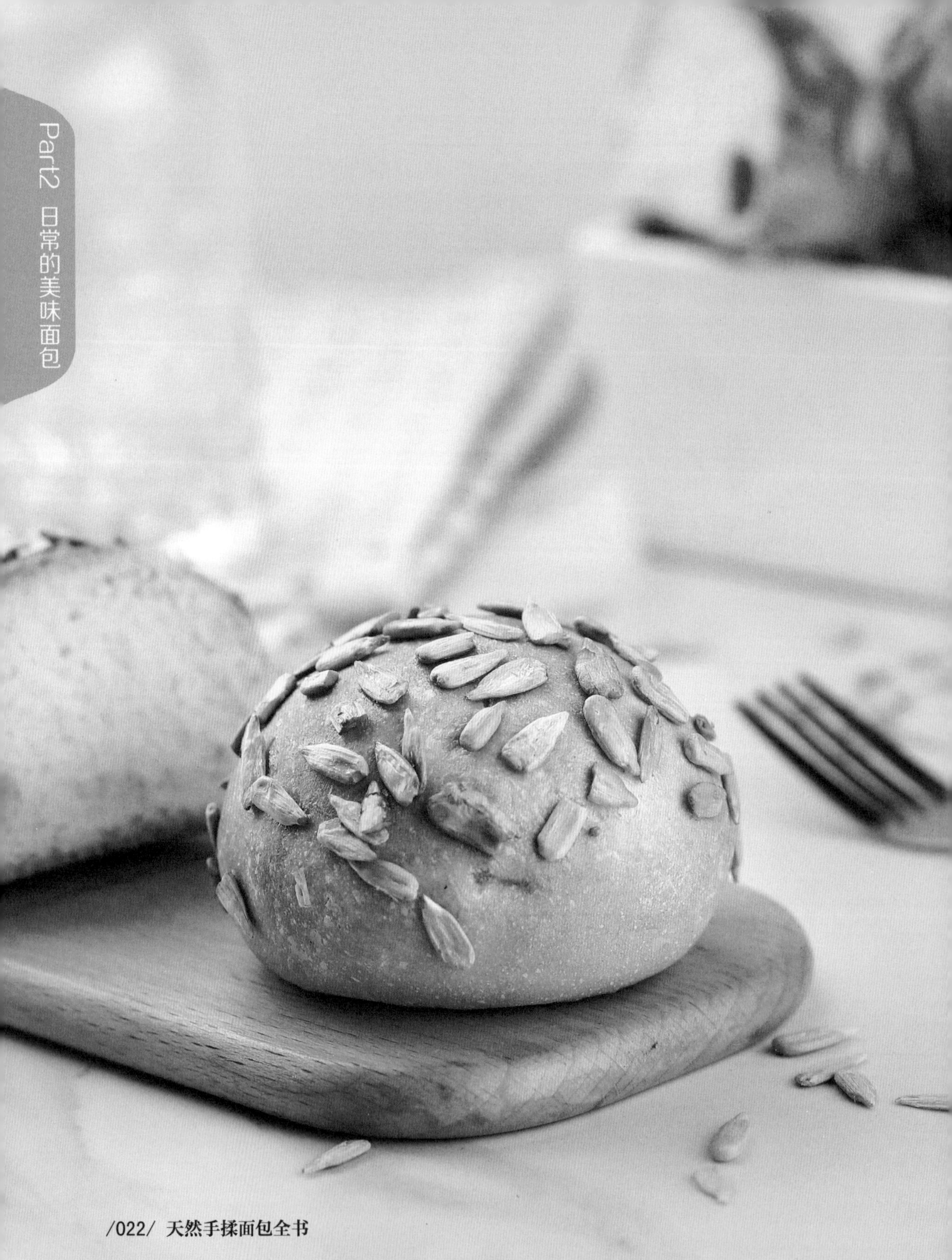

葵花子无花果面包

🕐 烘焙：15分钟　🍲 难易度：★★☆

📋 材 料

酵母粉1克，清水60毫升，高筋面粉90克，盐1克，蜂蜜5克，
无花果干（切块）40克，葵花子25克，芥花籽油10毫升

👨‍🍳 做 法

1 将酵母粉倒入装有清水的碗
　中，搅拌均匀成酵母水。

2 将高筋面粉倒入搅拌盆中，
　再倒入拌匀的酵母水、盐、
　芥花籽油、蜂蜜。

3 用橡皮刮刀将搅拌盆中的材
　料翻拌均匀，制成面团。

4 取出面团，放在操作台上，
　反复甩打至面团起筋，再揉
　至面团表面光滑。

5 将面团放回搅拌盆中，再盖上
　保鲜膜，室温发酵约60分钟。

6 取出面团放在操作台上，用
　刮板分切成4等份，进行室温
　发酵约15分钟。

7 将面团擀成长条形的面团，
　放上无花果干，滚圆。

8 给面团刷上蜂蜜（分量外），
　再沾裹上一层葵花子。

9 将面团放在铺有油纸的烤盘
　上，室温发酵约40分钟。

10 将发酵好的面团放入已预热
　至200℃的烤箱中层，烤15分
　钟，取出放凉即可。

烘焙妙招
　　注意清水的温度不能高
于60℃，否则会杀死酵母。

花生卷包

🕐 烘焙：25分钟　　🍲 难易度：★★☆

📦 材料

面团：高筋面粉165克，奶粉8克，细砂糖40克，酵母粉3克，鸡蛋28克，牛奶40毫升，水28毫升，无盐黄油20克，盐2克；**花生酱**：花生酱90克，细砂糖28克，无盐黄油15克；**表面装饰**：全蛋液适量，花生碎适量

👨‍🍳 做法

1 将面团材料中的粉类（除盐外）放入大盆中，搅匀；再倒入牛奶、鸡蛋和水，拌匀并揉成不黏手的面团。

2 加入无盐黄油和盐，通过揉和甩打，混匀。

3 将面团揉圆，包上保鲜膜发酵15分钟。

4 把花生酱材料混合均匀。

5 取出发酵好的面团，分成10等份，并揉圆，表面喷少许水，松弛10～15分钟。

6 分别把小面团擀成长圆形，表面刷花生酱，卷起成柱状，两端捏紧，从中间切开，分两半。

7 把面团放置在模具中，发酵60分钟。

8 在面团表面刷全蛋液，撒上花生碎，放入烤箱以上火180℃、下火185℃烤约25分钟即可。

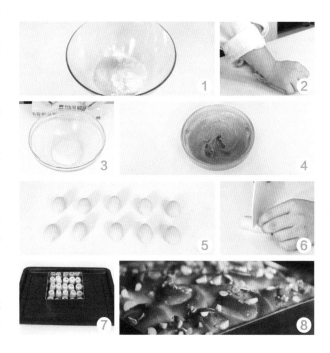

烘焙妙招

　　在面团表面刷上全蛋液，烤好的面包表面会变得金黄。

咖啡葡萄干面包

⏱ 烘焙：10分钟　🍲 难易度：★★☆

🗃 材 料

面团：高筋面粉250克，奶粉8克，酵母粉3克，速溶咖啡粉5克，细砂糖25克，水170毫升，盐5克，无盐黄油20克，葡萄干100克；**表面装饰**：全蛋液适量，杏仁片适量

👨‍🍳 做 法

1 将速溶咖啡粉倒入水中，搅拌均匀。

2 将面团材料中的粉类（除盐外）放入大盆中，搅匀；再倒入步骤1的材料，拌匀并揉成不粘手的面团。

3 加入无盐黄油和盐，通过揉和甩打，将面团慢慢混合均匀；然后加入葡萄干，用刮刀将面团重叠切拌均匀。

4 将面团揉圆，放入盆中，包上保鲜膜，发酵约20分钟。

5 取出发酵好的面团，分成两等份，并揉圆。

6 将面团放在烤盘上，最后发酵40分钟。

7 在面团表面刷上全蛋液，撒上适量的杏仁片。

8 放入烤箱以上、下火200℃烤约10分钟即可。

> **烘焙妙招**
>
> 　黄油和细砂糖的用量不能过多，否则会影响成品外观。

岩盐面包

⏱ 烘焙：20分钟　🍲 难易度：★★☆

📖 材料

高筋面粉400克，南瓜泥200克，酵母粉8克，细砂糖50克，盐7克，葡萄籽油30毫升，无盐黄油45克，清水50毫升，谷物杂粮适量

👨‍🍳 做法

1. 将高筋面粉、酵母粉、细砂糖、盐倒入玻璃碗中搅匀。

2. 倒入葡萄籽油、南瓜泥、清水，用橡皮刮刀翻拌几下，再用手揉成无干粉的面团。

3. 取出面团，放在干净的操作台上，反复揉扯，再搓圆。

4. 将面团按扁，放上无盐黄油，揉匀至面团光滑。

5. 将面团滚圆，放回玻璃碗中，封上保鲜膜，发酵15分钟，制成南瓜面团。

6. 撕开保鲜膜，用手指戳一下面团的正中间，以面团没有迅速复原为发酵好的状态。

7. 取出面团，用刮板分成3等份，收口、搓圆。

8. 分别沾裹上一层谷物杂粮，制成岩盐面包坯。

9. 取烤盘，铺上油纸，放上岩盐面包坯，放入已预热至30℃的烤箱中发酵30分钟。

10. 将烤盘放入已预热至200℃的烤箱中层，烤20分钟即可。

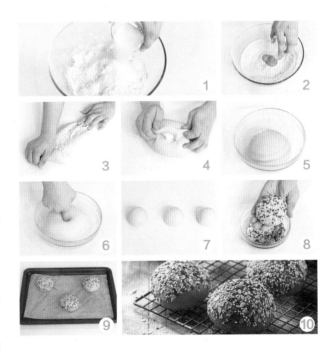

烘焙妙招

先称好面团的总重量再将其均分为3等份。

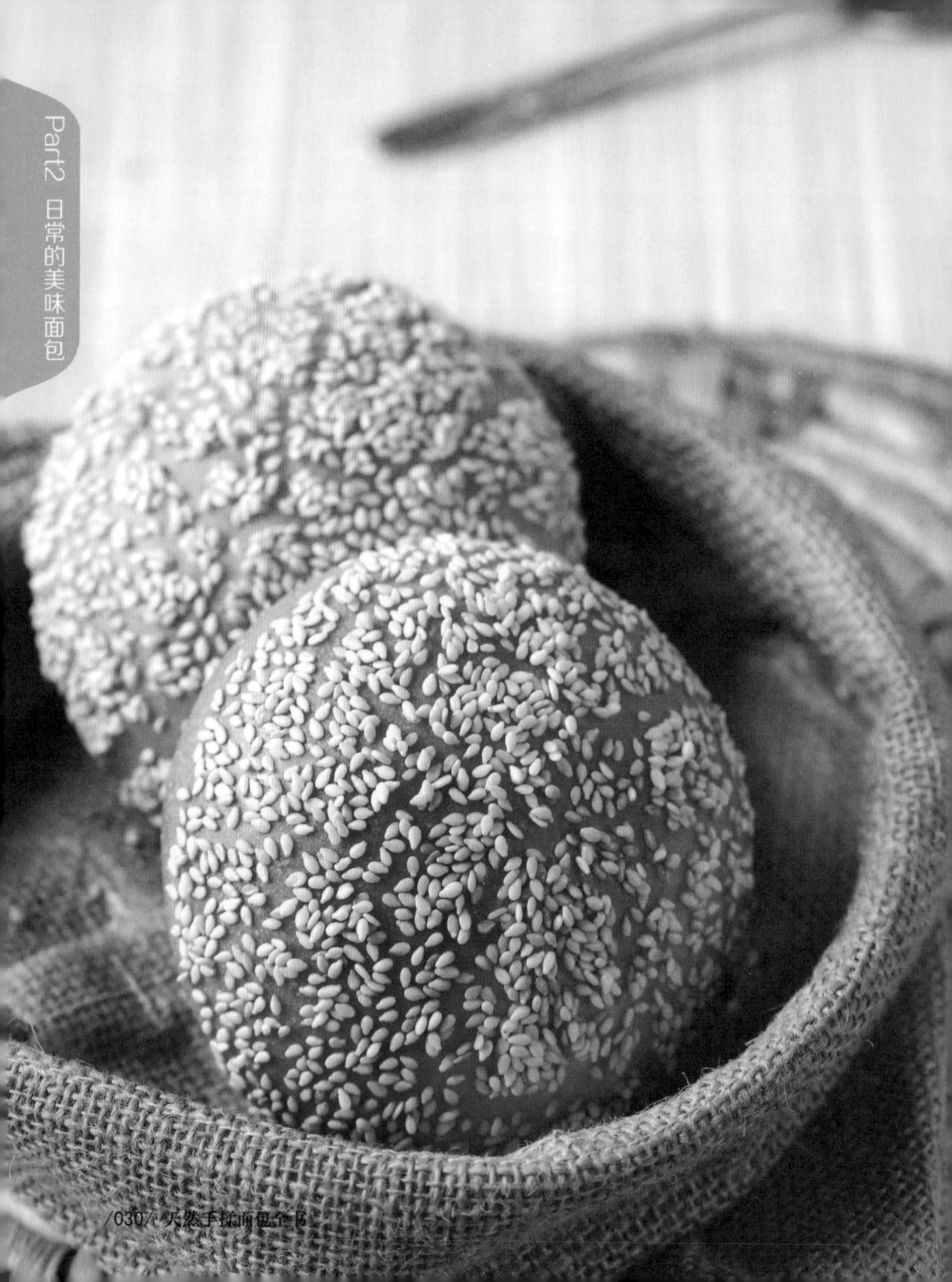

芝麻小汉堡

🕐 烘焙：12分钟　🍲 难易度：★☆☆

扫一扫学烘焙

🍱 材 料

面团：高筋面粉250克，奶粉8克，细砂糖25克，酵母粉3克，全蛋液25克，水135毫升，盐5克，无盐黄油30克；**表面装饰**：蛋液适量，白芝麻适量

👨‍🍳 做 法

1　将面团材料中的粉类（除盐外）放入大盆中，搅匀。

2　再倒入全蛋液、水，拌匀并揉成不粘手的面团。

3　加入无盐黄油和盐，通过揉和甩打，将面团混合均匀。

4　将面团揉圆放入盆中，包上保鲜膜，进行基本发酵约13分钟。

5　取出发酵好的面团，分割成4等份，分别揉圆。

6　面团表面刷上蛋液，然后撒上白芝麻。

7　把面团均匀地放在烤盘上最后发酵45分钟。

8　烤箱以上、下火200℃预热，将烤盘置于烤箱中层，烤约12分钟，取出即可。

> **烘焙妙招**
> 　　烤箱事先预热好，有助于生坯快速定型。

杏仁面包

🕐 烘焙：18分钟　🍲 难易度：★ ☆ ☆

📖 材 料

面团：高筋面粉200克，细砂糖11克，
奶粉8克，酵母粉2克，牛奶35毫升，
水90毫升，无盐黄油18克，盐4克；**表
面装饰**：全蛋液适量，杏仁片适量

扫一扫学烘焙

👨‍🍳 做 法

1 把面团材料中的所有粉类（除盐外）搅匀。

2 加入牛奶和水，拌匀并揉成团。

3 把面团揉至起筋。

4 取出面团，放在操作台上，加入盐和无盐黄油，
继续揉至完全融合成为一个光滑的面团，放入
盆中，盖上保鲜膜基本发酵15分钟。

5 取出发酵好的面团，分割出4等份的小面团，
并揉圆，表面喷少许水松弛10～15分钟。

6 把小面团压扁，用擀面杖擀成椭圆形，由一端
开始卷起，底部收口捏紧，均匀地放在烤盘上
最后发酵45分钟。

7 发酵好的面团表面刷上全蛋液，撒上杏仁片。

8 入烤箱以上、下火均170℃烤18分钟即可。

> **烘焙妙招**
>
> 　酵母粉一定要充分揉
> 匀，生坯才能发酵得好。

香蒜小面包

⏱ 烘焙：10~12分钟　🍲 难易度：★☆☆

🧂 材料

液种：高筋面粉100克，水75毫升，酵母粉1克；**主面团：**高筋面粉230克，酵母粉1克，水150毫升，盐5克，橄榄油13毫升；**表面装饰：**蒜片适量，盐适量，橄榄油适量，芝士粉适量，罗勒叶适量

🍳 做法

1 把制作液种的高筋面粉和酵母粉搅匀后，加入水，搅拌均匀后盖上保鲜膜，进行发酵。

2 将主面团材料中的粉类放入大盆中搅匀，然后加入水和橄榄油拌匀，并揉成团，最后加入发酵好的液种面团，揉匀。

3 把面团放在操作台上，继续揉至表面光滑，能够拉出薄膜。然后将面团放入盆中，盖上保鲜膜发酵18分钟。

4 取出发酵好的面团，分成8等份，揉圆。

5 把小面团均匀地放在派盘上，发酵45分钟。

6 在发酵好的面团表面刷上橄榄油。

7 撒上蒜片、盐、芝士粉和罗勒叶。

8 入烤箱，以上、下火200℃烤10~12分钟即可。

> **烘焙妙招**
> 出烤箱后如果冷却温差过大，面包很容易表面起皱。

早餐奶油卷

⏱ 烘焙：15分钟　　🍲 难易度：★ ☆ ☆

扫一扫学烘焙

🍱 材 料

高筋面粉250克，海盐5克，细砂糖25克，酵母粉9克，奶粉8克，全蛋液25克，蛋黄12克，牛奶12毫升，水117毫升，无盐黄油45克

🎩 做 法

1　将高筋面粉、海盐、细砂糖、奶粉和酵母粉放入搅拌盆中，用手动打蛋器搅拌均匀。

2　将水、全蛋液、蛋黄、牛奶倒入面粉盆，用橡皮刮刀搅拌均匀后，用手揉面团15分钟。

3　在面团中加入无盐黄油，用手揉至无盐黄油被完全吸收，呈光滑的面团即可。

4　面团放入碗中盖上保鲜膜，发酵15分钟。

5　将发酵后的面团分成4个等量的面团，盖上保鲜膜，再松弛10分钟左右。

6　取出发酵后的面团，用手将其搓成圆锥状，用擀面杖擀平，由宽的一边向尖的边卷起。

7　将卷好的面团发酵30分钟后，刷上全蛋液。

8　放入烤箱，以上、下火均180℃烘烤15分钟。

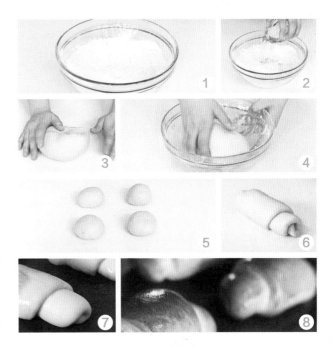

烘焙妙招

　　奶油卷生坯一定要卷紧，以免发酵后开裂。

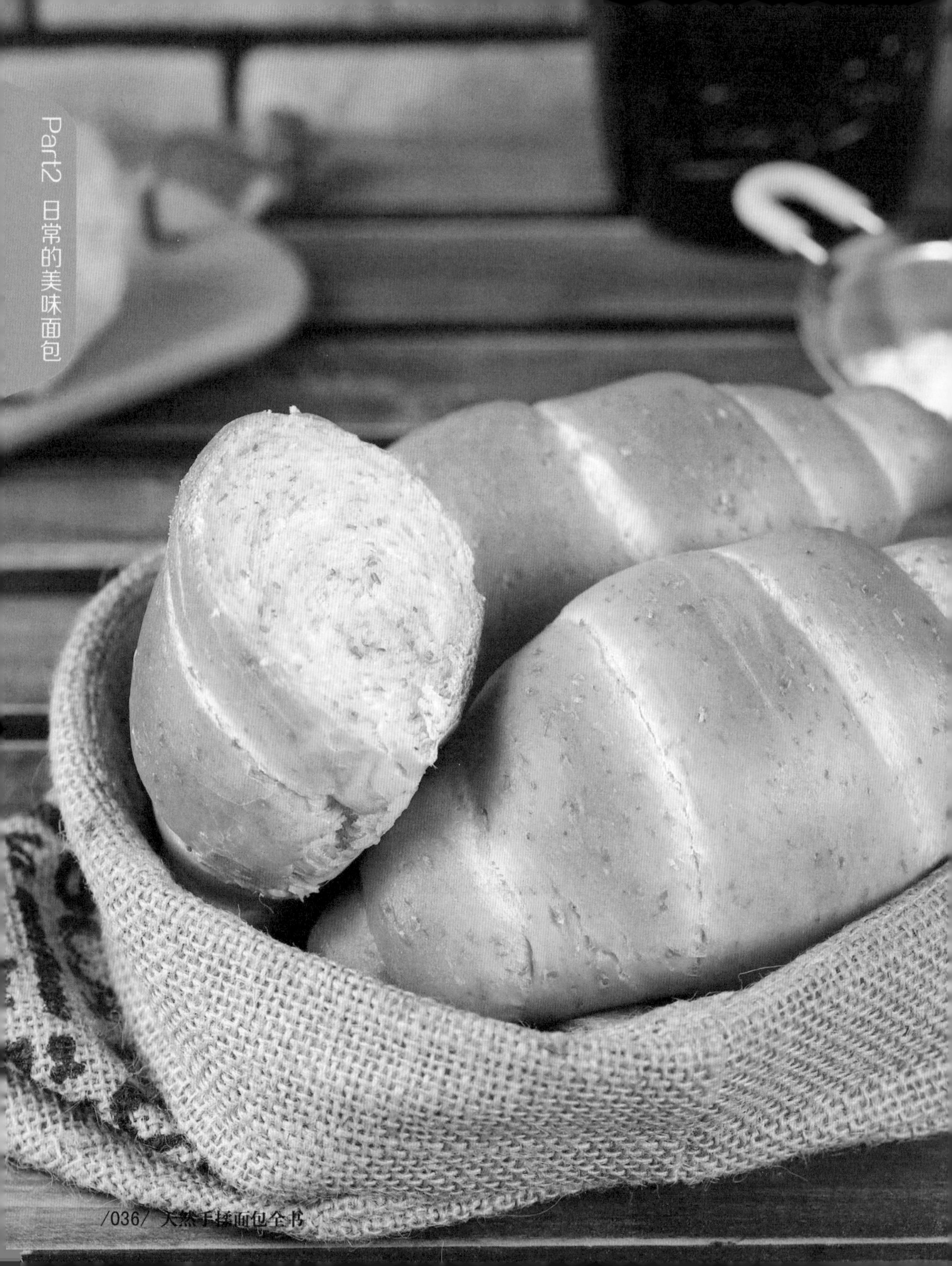

全麦鲜奶卷

⏱ 烘焙：18~20分钟　🍲 难易度：★ ☆ ☆

📖 材 料

面团：高筋面粉270克，全麦面粉30克，酵母粉3克，细砂糖30克，牛奶205毫升，无盐黄油25克，盐1克；**表面装饰**：牛奶8毫升

👨‍🍳 做 法

1 把材料中的粉类（除盐外）放入大盆中搅匀。

2 加入牛奶，拌匀并揉成团。把面团取出，放在操作台上，继续揉匀。

3 加入盐和无盐黄油，揉成为一个光滑的面团，放入盆中，盖上保鲜膜，基本发酵15分钟。

4 取出面团，分成4等份，分别揉圆，再搓成长条的水滴形，表面喷少许水，松弛10~15分钟。

5 用擀面杖从面团的一端往另一端擀平。

6 将面团卷起，底部捏合，均匀地放在烤盘上，最后发酵45分钟。

7 在发酵好的面团表面刷上一层牛奶。

8 放入烤箱以上火170℃、下火165℃烤18~20分钟即可。

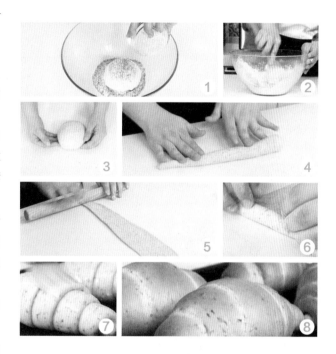

烘焙妙招

烤好的面包要放在常温下慢慢冷却，否则面包会开裂。

可可葡萄干面包

⏱ 烘焙：15分钟　　🍲 难易度：★ ☆ ☆

🍱 材料

面团： 高筋面粉285克，可可粉15克，细砂糖30克，酵母粉3克，牛奶200毫升，无盐黄油30克，盐1克，葡萄干50克；**表面装饰：** 高筋面粉适量

扫一扫学烘焙

👨‍🍳 做 法

1　把材料中的粉类（除盐外）放入大盆中，搅匀。

2　加入牛奶，拌匀，揉成面团。

3　加入盐和无盐黄油，继续揉至完全融合成为一个光滑的面团。

4　将面团压扁，加入葡萄干，四周向中心包起来。

5　用刮刀将面团切成两半，叠起后再切两半，将4块面团放入盆中，盖上保鲜膜发酵25分钟。

6　把发酵好的面团分成两等份，用擀面杖分别把两个面团擀成椭圆形，然后两端向中间对折，卷起成橄榄形，表面喷水，松弛10～15分钟。把面团均匀地斜放在烤盘上，发酵60分钟。

7　待发酵完后，撒上高筋面粉，斜划两刀。

8　放入烤箱以上火185℃、下火180℃烤15分钟即可。

烘焙妙招

可以根据自己的口味，在面团中加入坚果。

牛奶面包　⏱ 烘焙：15分钟　🍲 难易度：★☆☆

📋 材 料

高筋面粉200克，蛋白30克，酵母粉3克，牛奶100毫升，细砂糖30克，黄奶油35克，盐2克

👨‍🍳 做 法

1　将高筋面粉倒在案台上，加入盐、酵母粉，混合均匀。

2　再用刮板开窝，放入蛋白、细砂糖、牛奶、黄奶油，搓成光滑的面团。

3　把面团分成3等份剂子，搓成光滑的小面团。

4　把小面团擀成面皮。

5　把面皮卷成圆筒状生坯。

6　将制作好的生坯装入垫有高温布的烤盘里发酵1小时。

7　用剪刀在发酵好的生坯上逐一剪开数道平行的口子。

8　再往开口处撒上细砂糖。

9　放入烤箱，以上、下火190℃，烤15分钟。

10　把烤好的面包取出即可。

巧克力核桃面包

🕐 烘焙：25分钟　🍲 难易度：★ ☆ ☆

扫一扫学烘焙

🍶 材 料

高筋面粉250克，盐5克，酵母粉2克，无盐黄油15克，水175毫升，入炉巧克力50克，核桃50克

👨‍🍳 做 法

1　高筋面粉、盐、酵母粉放入搅拌盆中，用手动打蛋器搅拌均匀。

2　倒入水，用橡皮刮刀搅拌均匀后，手揉面团15分钟至面团起筋。

3　在面团中加入无盐黄油，用手揉至无盐黄油被完全吸收。

4　面团放入碗中盖上保鲜膜，待面团基本发酵15分钟。

5　取出面团，加入入炉巧克力和核桃，揉匀，表面喷少许水，松弛20分钟。

6　取出发酵好的面团，擀平。

7　将其整成橄榄形，放在烤盘上发酵30分钟。

8　放入烤箱，以上、下火180℃烤25分钟即可。

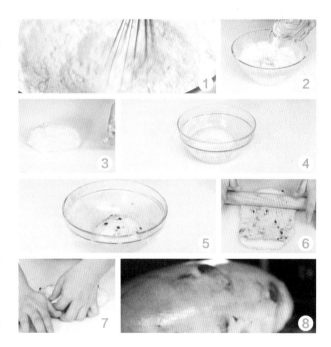

烘焙妙招

　　可将核桃仁放入研磨机打磨成小粒后再使用。

椰子餐包

🕐 烘焙：20分钟　📖 难易度：★ ☆ ☆

🥣 材 料

面团： 高筋面粉306克，低筋面粉56克，细砂糖40克，盐5克，酵母粉7克，清水180毫升，无盐黄油50克，葡萄干10克；**椰蓉：** 无盐黄油60克，糖粉30克，椰子粉12克；**表面材料：** 鸡蛋液少许，白芝麻少许

👨‍🍳 做 法

1 将高筋面粉、低筋面粉、细砂糖、盐、酵母粉倒入大玻璃碗中，用手动搅拌器搅匀。

2 倒入清水，用手揉成面团。

3 放在操作台上，反复揉搓。

4 将面团按扁，放上无盐黄油，揉匀，再滚圆。

5 将面团放回大玻璃碗中，封上保鲜膜，发酵15分钟。

6 将无盐黄油、糖粉倒入小玻璃碗中，搅打均匀。

7 倒入椰子粉，拌匀成椰蓉。

8 取出面团，分成3等份，搓圆，擀成圆形面皮，分别放上椰蓉，收口、搓圆。

9 将面团擀成长舌形，折叠起来，切四道口子，再将面团头尾反向旋转扭成辫子状。

10 取模具，放入辫子状的面团，撒上葡萄干并轻压。

11 将椰子餐包坯放入已预热至30℃的烤箱中发酵30分钟。

12 在生坯上刷鸡蛋液，撒上白芝麻，放入已预热至160℃的烤箱中烤20分钟即可。

烘焙妙招

　　烤到一半时间时，可以将烤盘转个方向，面包成色会更均匀。

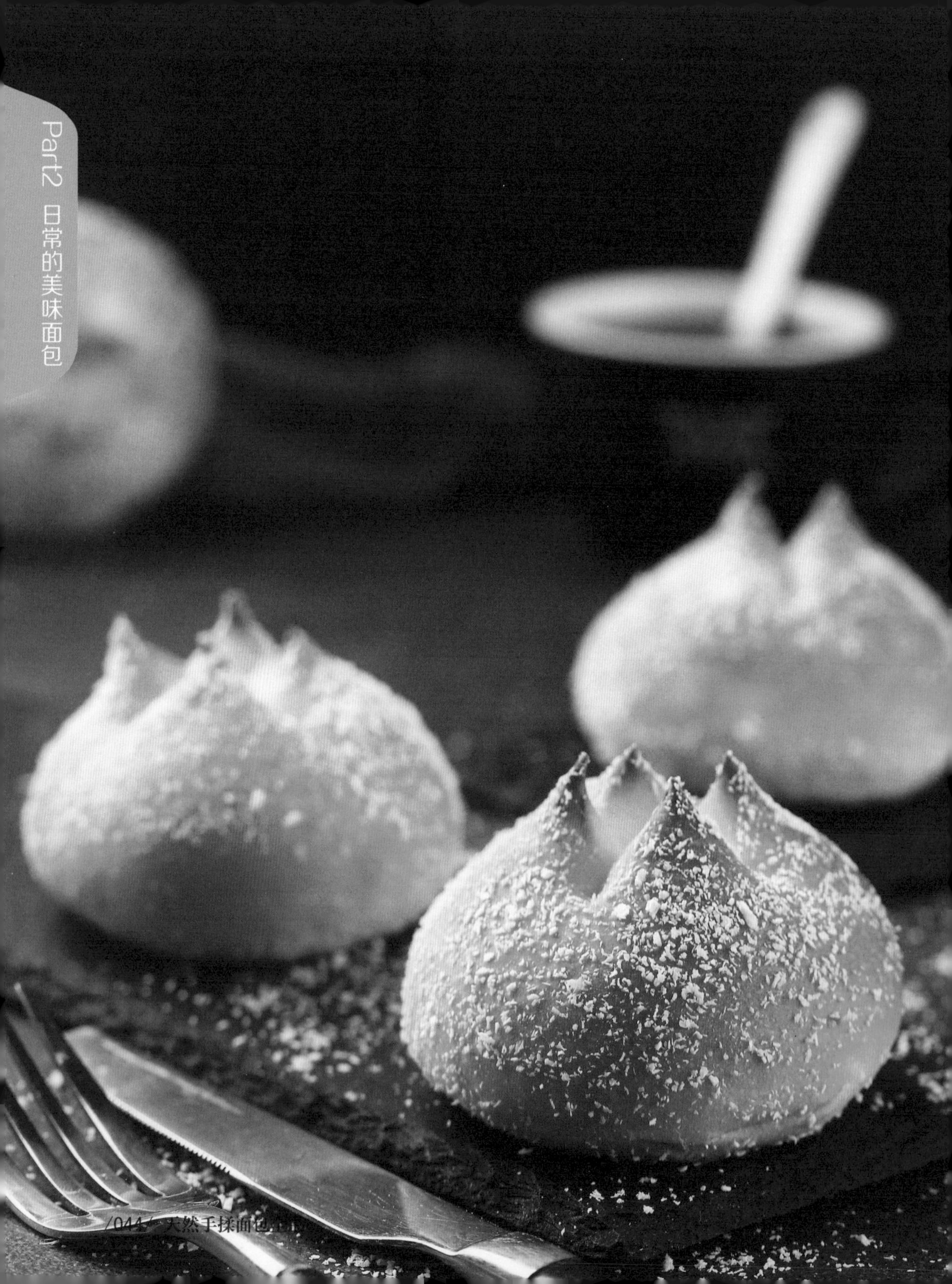

奶酥面包

⏲ 烘焙：15分钟　🍲 难易度：★☆☆

📖 材料

高筋面粉140克，低筋面粉37克，奶粉10克，细砂糖20克，酵母粉3克，牛奶75毫升，鸡蛋液25克，汤种面团54克，盐2克，无盐黄油18克，椰丝适量

👨‍🍳 做法

1 将高筋面粉、低筋面粉、奶粉、细砂糖倒入大玻璃碗中，用手动搅拌器搅拌均匀。

2 加入酵母粉、牛奶、鸡蛋液、汤种面团，用橡皮刮刀翻拌几下，再用手揉成团。

3 取出面团，放在干净的操作台上，将其反复揉扯拉长，再卷起。

4 反复甩打几次，将卷起的面团稍稍搓圆、按扁。

5 放上无盐黄油、盐、收口、揉匀，再将其揉成纯滑的面团。

6 将面团放回至大玻璃碗中，封上保鲜膜，发酵30分钟。

7 撕开保鲜膜，取出面团，分成4等份，再收口、搓圆。

8 沾裹上一层椰丝，再放在铺有油纸的烤盘上。

9 用剪刀在面团上剪出"十"字刀口。

10 将烤盘放入已预热至170℃的烤箱中层，烤15分钟即可。

烘焙妙招
　　揉面团时使用整个手掌尽可能地上下大幅揉搓。

蜂蜜甜面包

⏱ 烘焙：16分钟　🍲 难易度：★ ☆ ☆

📖 材 料

面团：高筋面粉85克，奶粉4克，细砂糖25克，鸡蛋液14克，酵母粉2克，牛奶20毫升，清水15毫升，无盐黄油10克，盐1克；**装饰**：无盐黄油丁12克，蜂蜜适量，细砂糖适量，蛋黄液适量

👨‍🍳 做 法

1　将高筋面粉、奶粉、细砂糖、酵母粉倒入大玻璃碗中，用手动搅拌器搅拌均匀。

2　倒入清水、牛奶、鸡蛋液，拌均匀成无干粉的面团。

3　将面团放在干净的操作台上，揉搓至面团光滑。

4　面团按扁，放上无盐黄油、盐，反复揉搓均匀。

5　将面团放回大玻璃碗中，封上保鲜膜，发酵30分钟。

6　撕掉保鲜膜，取出面团，用刮板分成3等份的小面团。

7　用擀面杖将小面团擀成长圆形，从一端卷起成圆筒状。

8　将面团放在铺有油纸的烤盘上，放入已预热至30℃的烤箱，二次发酵约40分钟。

9　取出面团，刷上蛋黄液，用剪刀交叉剪上几刀，放上无盐黄油丁，撒上一层细砂糖。

10　将烤盘放入已预热至160℃的烤箱中烤约16分钟，取出后刷上蜂蜜即可。

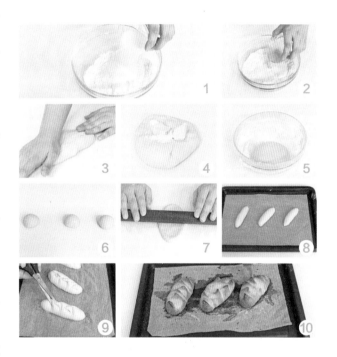

烘焙妙招

蛋、牛奶如果放在冰箱中冷藏，要记得恢复室温后再使用。

糖粒面包

⏱ 烘焙：18~20分钟　　🍲 难易度：★☆☆

📋 材料

面团：高筋面粉350克，细砂糖30克，酵母粉2克，水200毫升，无盐黄油30克，盐1克；**表面装饰：**全蛋液适量，无盐黄油（软化后装入裱花袋中备用）30克，细砂糖8克

扫一扫学烘焙

👨‍🍳 做法

1　将面团材料中的所有粉类（除盐外）放入大盆中搅匀后，加入水，拌匀并揉成团。

2　加入无盐黄油和盐，揉均匀。

3　把面团放入盆中，包上保鲜膜基本发酵25分钟。

4　取出发酵好的面团，分成5等份，揉圆，放在烤盘上最后发酵50分钟。

5　在发酵好的面团表面刷上全蛋液，撒上细砂糖。

6　用剪刀在面团表面剪出"一"字形。

7　在剪出的切面上挤上无盐黄油。

8　烤箱以上火175℃、下火165℃预热，将烤盘置于烤箱中层，烤18~20分钟，取出即可。

烘焙妙招

　　生坯体积增至两倍大时，就可以确定生坯已发酵好。

丹麦羊角面包

⏱ 烘焙：15分钟　　🍲 难易度：★★★

📋 材料

酥皮部分：高筋面粉170克，低筋面粉30克，细砂糖50克，黄油20克，奶粉12克，盐3克，干酵母粉5克，水88毫升，鸡蛋40克，片状酥油70克；**馅部分**：蜂蜜40克，鸡蛋1个

👨‍🍳 做法

1　将低筋面粉、高筋面粉拌匀。

2　倒入奶粉、干酵母粉、盐，拌匀，倒在案台上开窝。

3　放入水、细砂糖、鸡蛋、黄油，揉搓成光滑的面团。

4　用油纸包好片状酥油，擀薄。

5　将面团擀成薄片，放上酥油片，将面皮折叠，擀平。

6　将面皮折叠两次，冷藏10分钟，取出后擀平，重复上述动作操作两次，制成酥皮。

7　取酥皮切成两块三角形。

8　将三角形酥皮擀平，卷至橄榄状生坯，刷上一层蛋液。

9　放入烤箱，以上火200℃、下火200℃烤15分钟。

10　取出面包，刷上蜂蜜即可。

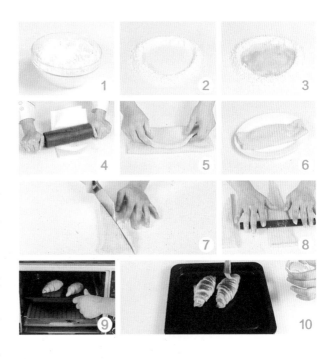

超软面包

⏱ 烘焙：18分钟　🍲 难易度：★★☆

📖 材 料

高筋面粉306克，低筋面粉56克，细砂糖40克，盐5克，酵母粉7克，清水180毫升，无盐黄油50克，全蛋液少许

👨‍🍳 做 法

1 将高筋面粉、低筋面粉、细砂糖、盐、酵母粉搅拌均匀。

2 倒入清水，揉成面团。

3 取出面团，放在操作台上，反复揉搓、甩打至起筋。

4 面团按扁，放上无盐黄油，揉至表面光滑，再收圆。

5 将面团放入大玻璃碗中，封上保鲜膜，发酵20分钟。

6 撕开保鲜膜，用手指戳一下面团的正中间，以面团没有迅速复原为发酵好的状态。

7 取出面团，用刮板分切成4等份，收口、搓圆。

8 盖上保鲜膜，发酵10分钟。

9 将面团揉搓成一头大一头尖的胡萝卜造型。

10 从面团大的一头开始，擀成三角形面皮，再卷成卷。

11 取烤盘，铺上油纸，放上面包坯，最后发酵30分钟，刷上一层全蛋液。

12 放入已预热至170℃的烤箱中层，烤约18分钟即可。

烘焙妙招
　　面皮卷到最后时，用手捏紧尾端封口。

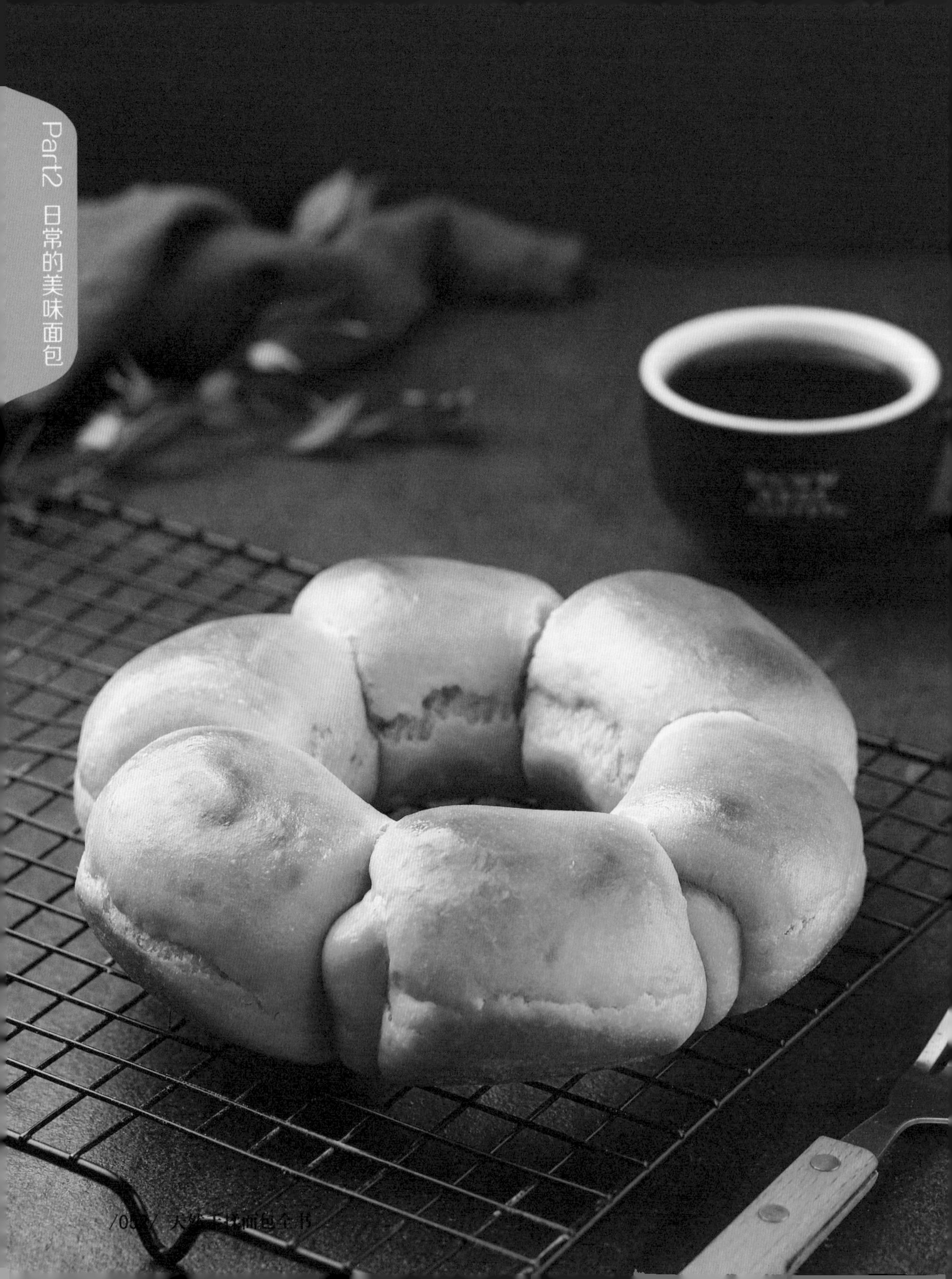

胡萝卜面包

⏱ 烘焙：20分钟　　🍲 难易度：★★☆

🍶 材 料

高筋面粉220克，胡萝卜汁133毫升，细砂糖18克，盐3克，蜂蜜5克，鸡蛋液20克，酵母粉4克，无盐黄油25克，装饰用蛋液适量

👨‍🍳 做 法

1. 将高筋面粉、细砂糖、盐、酵母粉倒入玻璃碗中拌匀。

2. 倒入蜂蜜、鸡蛋液、胡萝卜汁，翻拌均匀成面团。

3. 取出面团，揉成光滑面团。

4. 将面团按扁，放上无盐黄油，收口、甩打面团，再揉搓至混合均匀。

5. 将面团放回玻璃碗中，封上保鲜膜，发酵约40分钟。

6. 取出发酵好的面团，用刮板分成两等份，分别收口、搓圆。

7. 擀成长舌形，卷成卷。

8. 分别用刮板分成3等份，收口、搓圆，制成六个面团。

9. 再擀成宽约3厘米的长舌形，再卷成卷，制成面包坯。

10. 取圆形面包模具，放入面包坯，再放入已预热至30℃的烤箱中层，静置发酵约30分钟。

11. 取出发酵好的面包坯，刷上一层蛋液。

12. 将面包坯放入已预热至180℃的烤箱中烤20分钟即可。

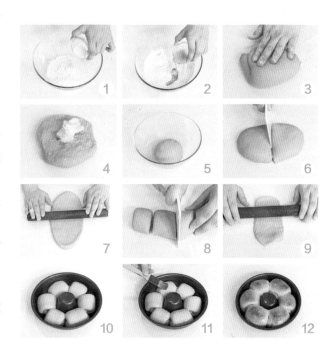

> **烘焙妙招**
> 　　擀开面团时，要用滚动擀面杖的方式进行。

宝宝面包棒

⏱ 烘焙：12～14分钟　🍲 难易度：★☆☆

📖 **材料**

高筋面粉350克，细砂糖30克，酵母粉2克，水200毫升，无盐黄油30克，盐1克

👨‍🍳 **做法**

1 将材料中的所有粉类（除盐外）放入大盆中搅匀后，加入水、无盐黄油和盐，揉至面团表面变光滑，放入盆中，包上保鲜膜进行基本发酵25分钟。

2 取出面团擀成厚约5毫米的长方形，切成约2厘米宽的长形棒状，放在烤盘上，表面喷少许水，发酵约50分钟。

3 将烤盘放入烤箱中层，以上、下火180℃烤12～14分钟，烤至表面上色，取出即可。

双色心形面包

⏱ 烘焙：18分钟　🍲 难易度：★★☆

📖 **材料**

南瓜面团：南瓜泥45克，高筋面粉75克，酵母粉1克，盐1克，细砂糖8克，牛奶15毫升，无盐黄油8克；**原味面团**：高筋面粉75克，酵母粉1克，盐1克，细砂糖75克，牛奶50毫升，无盐黄油8克。

👨‍🍳 **做法**

1 将南瓜面团的材料拌匀，揉成团，发酵20分钟。

2 将原味面团材料拌匀，揉成团。

3 把原味面团包入南瓜面团，擀成长圆形，卷成长条，切开（注意不要切断），展开成"V"字形，两条边分别往中间对折成心形，放在烤盘上发酵约50分钟，放入烤箱以上火160℃、下火155℃烤18分钟即可。

爱尔兰苏打面包

🕐 烘焙：30分钟　🍲 难易度：★☆☆

🍱材 料

面团：中筋面粉250克，细砂糖30克，泡打粉8克，牛奶160毫升，盐3克，无盐黄油50克，酵母粉2克；**表面装饰**：中筋面粉适量

扫一扫学烘焙

👨‍🍳 做 法

1　将面团材料中的粉类（除盐外）放入大盆中搅匀。

2　加入牛奶，拌匀并揉成团。

3　加入无盐黄油和盐，慢慢揉均匀。

4　把面团放入盆中，盖上保鲜膜基本发酵10分钟。

5　待面团发酵好后，把其分成3等份，分别揉圆，表面喷少许水，松弛10～15分钟。

6　把面团放在烤盘上，发酵约30分钟，表面撒中筋面粉。

7　用小刀在面团表面划出十字。

8　烤箱以上火200℃、下火180℃预热，将烤盘置于烤箱中层，烤30分钟，取出即可。

> **烘焙妙招**
> 　　取用酵母粉后，应及时将酵母粉包装袋密封好，防潮。

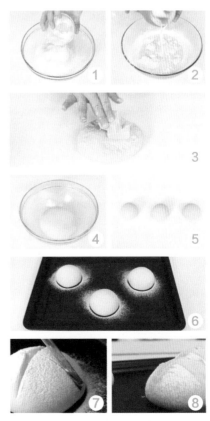

意大利全麦面包棒

🕐 烘焙：20分钟　📦 难易度：★☆☆

🫙 材料

面包体：高筋面粉50克，全麦面粉15克，细砂糖1克，速发酵母粉2克，水33毫升，橄榄油8毫升，盐1克；**表面装饰**：芝士粉适量，椒盐适量，白芝麻适量

👨‍🍳 做法

1 将筛好的高筋面粉、全麦面粉和细砂糖、盐、速发酵母粉一起倒入大碗里，用手动打蛋器搅匀。

2 在面粉的中间挖洞，倒入水，倒入橄榄油，搅拌成团，用手揉搓面团两分钟至不黏手状态。

3 用手掌轻轻转动面团，将面团收成一个圆球。

4 将面团放入碗中，包上保鲜膜松弛约25分钟。

5 将面团放在操作台上，分割成几个合适大小的小面团，揉圆。

6 喷上水，盖上湿布，至面团膨胀为两倍大。

7 用擀面杖将面团擀成椭圆形。

8 将面团卷成长条状，放在铺了油布的烤盘上。

9 撒上芝士粉、椒盐和白芝麻。

10 放入预热180℃的烤箱中烤20分钟。

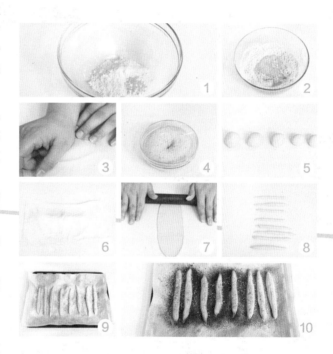

> **烘焙妙招**
> 将面团擀成长条形时可以根据自己的喜好决定粗细。

萨尔斯堡

🕐 烘焙：25分钟　🍲 难易度：★★☆

📖 材 料

高筋面粉250克，海盐5克，酵母粉2克，黄糖糖浆2克，水172毫升，无盐黄油8克，培根2片，芝士丁100克，黑胡椒粉适量

👨‍🍳 做 法

1 将高筋面粉、海盐、酵母粉搅拌均匀。

2 黄糖糖浆倒入水中拌匀，再倒入面粉盆，搅拌均匀后，手揉面团15分钟，至面团起筋。

3 在面团中加入无盐黄油，揉至面团光滑。

4 面团放入碗中，盖上保鲜膜，发酵约15分钟。

5 将面团分成3个等份的面团，表面喷水松弛。

6 稍微擀一下面团，再拍打面团，排出空气，在面团两边拉出一个三角形。再把切好的芝士丁依次排列在面团上，最后放上一片培根。

7 包好面团，发酵35分钟，将面团放在烤盘上，用剪刀剪出开口，撒上黑胡椒粉。

8 烤箱以上火220℃、下火210℃预热，烤盘放入中层，烘烤25分钟即可。

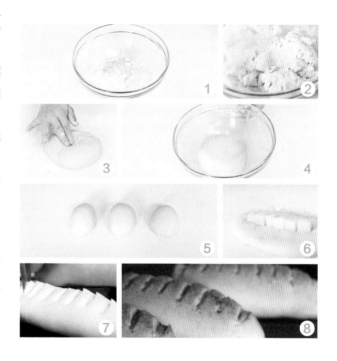

烘焙妙招

　　掌握好生坯的发酵时间，发酵不足则面包无香味。

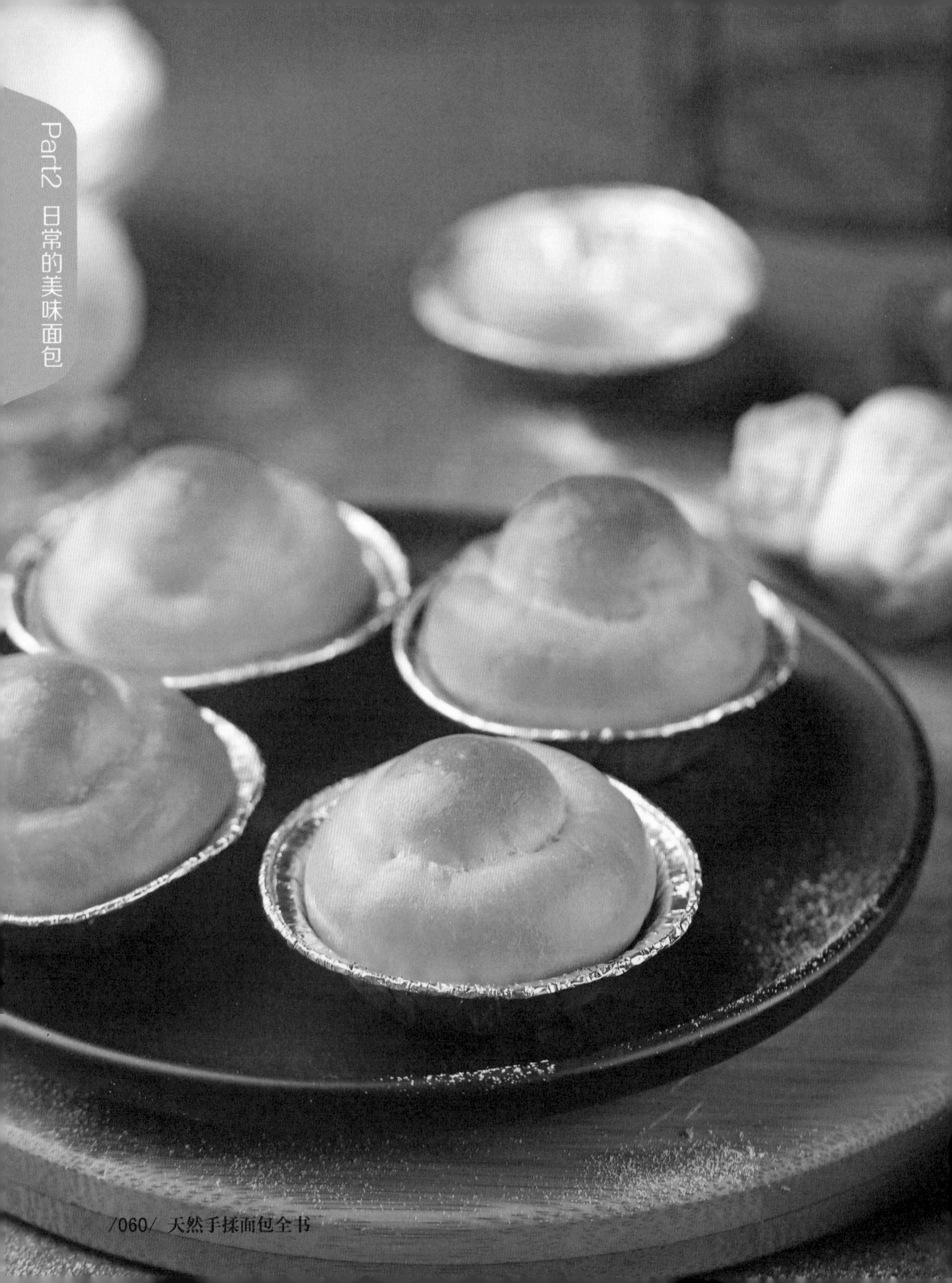

布里欧修

⏱ 烘焙：15分钟　🍲 难易度：★★☆

📇 材料

高筋面粉190克，低筋面粉55克，鸡蛋液30克，牛奶100毫升，奶粉15克，细砂糖30克，无盐黄油30克，盐3克，酵母粉4克，无盐黄油（用于涂抹于模具上）少许，装饰用鸡蛋液少许

👨‍🍳 做法

1 将高筋面粉、低筋面粉、奶粉、细砂糖、盐、酵母粉倒入大玻璃碗中，搅拌均匀。

2 倒入鸡蛋液、牛奶，揉成团。

3 取出面团，放在干净的操作台上，反复揉扯。

4 放上无盐黄油，收口、揉匀，揉成纯滑的面团。

5 将面团放回至大玻璃碗中，封上保鲜膜，发酵30分钟。

6 将面团分成12个小剂子，其中6个均重为13克，另6个均重为5克，全部搓圆。

7 将大剂子擀成长舌形，从一边开始卷起，再搓成条。

8 按住条形面团一端，从另一端开始盘成圈，收口捏紧。

9 将小剂子放在圈中间，制成布里欧修生坯。

10 取锡纸杯，放入布里欧修。

11 取烤盘，放上锡纸杯，再放入已预热至30℃的烤箱中发酵约30分钟，取出。

12 刷上鸡蛋液，放入已预热至180℃的烤箱中烤15分钟即可。

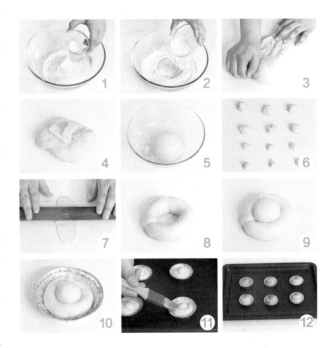

烘焙妙招
　　锡纸杯内侧抹上油脂，出炉后方便面包脱模。

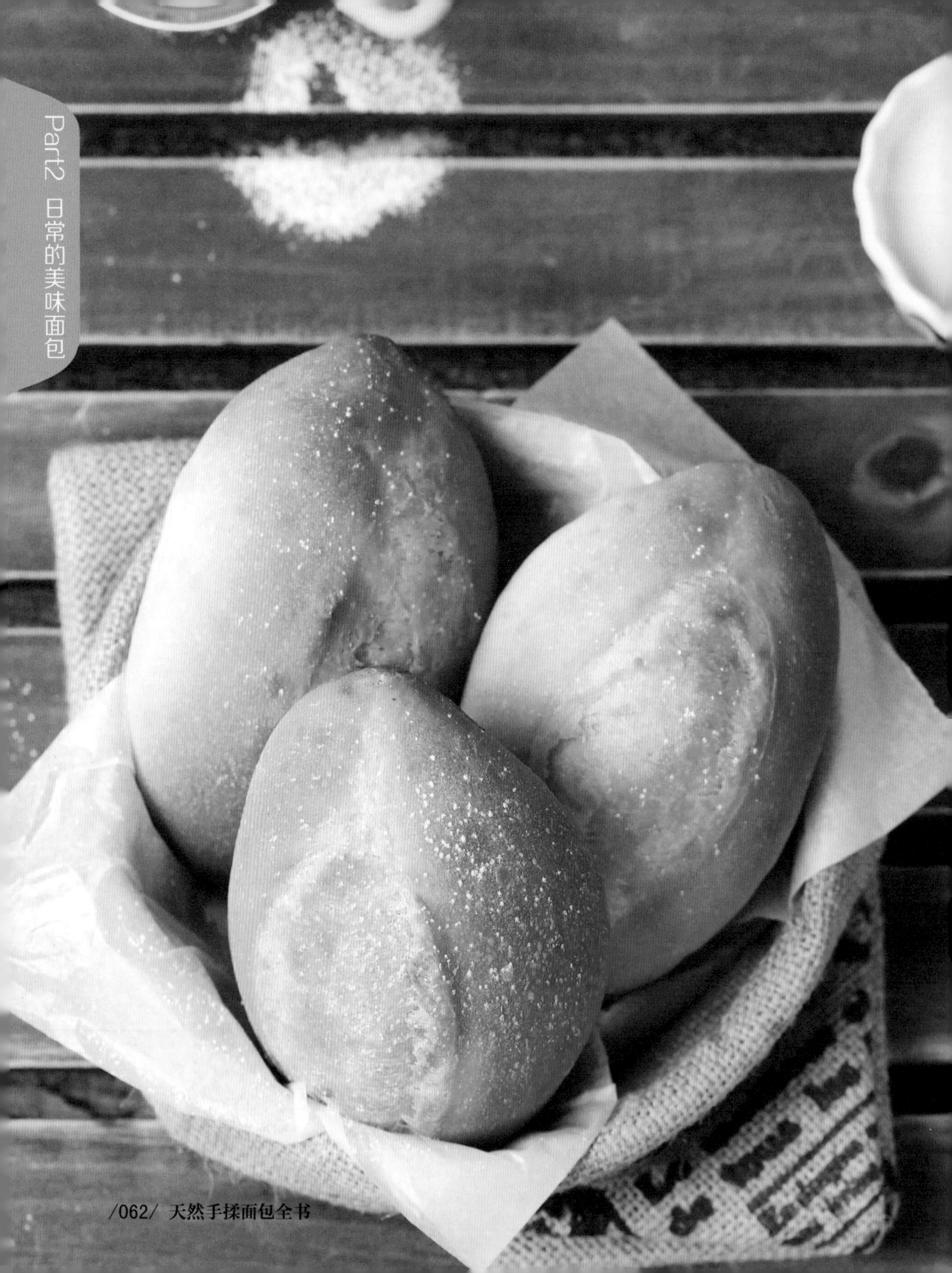

法国海盐面包

⏱ 烘焙：12分钟　🍲 难易度：★☆☆

扫一扫学烘焙

🍱 材 料

面团：高筋面粉250克，海盐5克，酵母粉2克，黄糖糖浆2克，水172毫升，无盐黄油8克；**海盐奶油**：无盐黄油50克，海盐5克

👨‍🍳 做 法

1　将高筋面粉、海盐、酵母粉搅拌均匀。

2　黄糖糖浆倒入水中拌匀，再倒入面粉盆拌匀。

3　在面团中加入无盐黄油，用手揉至无盐黄油被完全吸收，呈光滑的面团即可。

4　面团放入碗中，盖上保鲜膜，发酵约15分钟。

5　将松弛好的面团分成每个约135克的小面团，揉圆，表面喷少许水，松弛约15分钟。

6　将面团拍平，稍微用擀面杖擀一下，再将面团反过来，两边叠成三角形的形状，再卷起来，完成后呈橄榄形，放在烤盘上，发酵35分钟。

7　室温软化的无盐黄油和海盐拌匀，装入裱花袋，在面包中间斜划一刀，挤上海盐黄油。

8　放入烤箱以上火240℃、下火220℃烤12分钟即可。

烘焙妙招

　　用手揪面团，不易揪烂就说明面团发酵好了。

芝麻小法国面包

⏱ 烘焙：16~18分钟　🍲 难易度：★☆☆

扫一扫学烘焙

📦 材料

高筋面粉180克，全麦面粉20克，盐4克，酵母粉2克，细砂糖10克，水135毫升，橄榄油5毫升，熟黑芝麻16克

👨‍🍳 做法

1　将粉类材料放入大盆中搅匀。

2　加入水和橄榄油，拌匀。

3　将面团放在操作台上，通过揉和甩打，将面团揉至光滑，然后加入熟黑芝麻，揉匀。

4　把面团放在盆中发酵60分钟。

5　取出发酵好的面团，分成3等份，揉圆，表面喷少许水，松弛10~15分钟。

6　用擀面杖把3个面团分别擀平成椭圆形，然后两端向中间对折，卷起成橄榄形。

7　将面团放在烤盘上，最后发酵60分钟，待发酵完后，分别在每个面团表面划几刀。

8　烤箱以上火210℃、下火180℃预热，将烤盘置于烤箱中层，烤16~18分钟，取出即可。

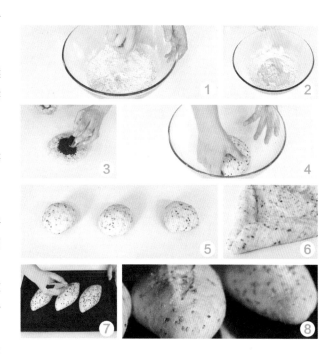

> **烘焙妙招**
>
> 　面团表面的开口不宜划得太深，以免影响成品外观。

法国面包

⏱ 烘焙：20分钟　🍳 难易度：★☆☆

📖 材料

面团： 高筋面粉260克，低筋面粉40克，酵母粉2克，水200毫升，麦芽糖8克，盐5克，植物油5毫升；**表面装饰：** 橄榄油适量

扫一扫学烘焙

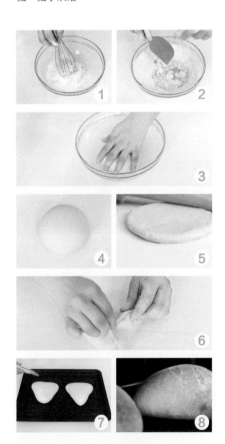

👨‍🍳 做 法

1　把面团材料中的所有粉类放入大盆中，搅匀。

2　加入水、麦芽糖和植物油，拌匀并揉成团。把面团取出，放在操作台上，揉3～4分钟成为一个略黏湿的面团。

3　把面团放入盆中，盖上保鲜膜基本发酵20分钟。

4　取出面团，分割成两等份，分别揉圆，表面喷少许水，松弛10～15分钟。

5　分别用擀面杖擀平成圆形。

6　将2/3部分的面团底部用手捏成尖角的形状，与余下的面团底部朝上捏合成三角形面团。

7　面团均匀地放在烤盘上，最后发酵60分钟。待发酵完后，在面团表面刷上橄榄油。

8　放入烤箱以上火220℃、下火200℃烤20分钟。

烘焙妙招

　　在面包上划刀，不仅起到装饰作用，也可使面包更酥脆。

葡萄干芝士面包

⏱ 烘焙：35分钟　🍲 难易度：★ ☆ ☆

🍶 材料

高筋面粉200克，细砂糖5克，酵母粉2克，盐1克，水160毫升，葡萄干40克，芝士120克

👨‍🍳 做法

1. 将高筋面粉（需留5~8克的高筋面粉）、细砂糖、酵母粉、盐放入大盆中搅匀，加入水、葡萄干和芝士，揉成光滑面团，盖上保鲜膜，基本发酵60分钟。
2. 取出面团，放入砂锅中，盖上盖子，最后发酵60分钟。
3. 待发酵完后在面团表面撒上高筋面粉，放入烤箱以上火210℃、下火190℃烤35分钟，取出即可。

葡萄干木柴面包

⏱ 烘焙：55分钟　🍲 难易度：★ ★ ☆

🍶 材料

老面：高筋面粉110克，酵母粉2克，盐1克，水75毫升；**主面团**：高筋面粉180克，低筋面粉120克，细砂糖60克，盐1克，奶粉30克，鸡蛋1个，牛奶80毫升，无盐黄油35克，葡萄干80克

👨‍🍳 做法

1. 将所有老面材料拌匀并揉成团，发酵4小时。
2. 将老面面团与主面团中的材料（除无盐黄油、牛奶和葡萄干外）混合，放入牛奶、无盐黄油，揉成面团，发酵后擀成面皮，撒上葡萄干，卷起成柱状，两端收口捏紧，发酵40分钟。
3. 入烤箱以上、下火150℃烤55分钟即可。

橄榄油乡村面包

⏱ 烘焙：20分钟　🍲 难易度：★ ☆ ☆

扫一扫学烘焙

📷 材 料

面团：高筋面粉250克，全麦面粉50克，酵母粉2克，盐5克，橄榄油30毫升，温水195毫升，麦芽糖15克；**表面装饰**：高筋面粉适量

👨‍🍳 做 法

1　将面团材料中的粉类（除盐外，留5~10克的高筋面粉）放入大盆中，搅匀。

2　再倒入温水（40℃左右）、橄榄油和麦芽糖，加入盐，拌匀，并揉成不黏手的面团。

3　取出面团，放在操作台上，继续揉至可以撑出薄膜的状态。

4　将面团揉圆，包上保鲜膜发酵30分钟。

5　取出面团，分割成两等份，分别揉圆，放在烤盘上，最后发酵50分钟。

6　在面团表面撒上高筋面粉。

7　用刀在面团表面划出网状。

8　烤箱以上火190℃、下火195℃预热，将烤盘置于烤箱中层，烤约20分钟即可。

烘焙妙招

　　用刀在面包生坯上划几刀，利于散热。

欧陆红莓核桃面包

⏱ 烘焙：27分钟　🍲 难易度：★ ☆ ☆

扫一扫学烘焙

📖 材 料

面团：高筋面粉200克，全麦面粉45克，黑糖20克，酵母粉2克，温水150毫升，橄榄油16毫升，盐5克，红莓干（切碎）35克，核桃（切碎）35克；**表面装饰**：高筋面粉适量

🧑‍🍳 做 法

1　将黑糖倒入温水中，搅拌至熔化。

2　将面团材料中的粉类（除盐外）放入大盆中，搅匀；再倒入步骤1的材料、橄榄油和盐，拌匀，放在操作台上，揉成不黏手的面团。

3　加入核桃碎和红莓干碎，用刮刀切拌均匀。

4　将面团揉圆，包上保鲜膜发酵20分钟。

5　取出发酵好的面团，分成两等份并揉圆，表面喷少许水，松弛10～15分钟。

6　分别把两个面团擀成椭圆形，然后把面团两端向中间对折，卷起成橄榄形。

7　把整形好的面团均匀地放在烤盘上，最后发酵约50分钟，在面团表面撒上高筋面粉。

8　放入烤箱以上火180℃、下火175℃烤27分钟。

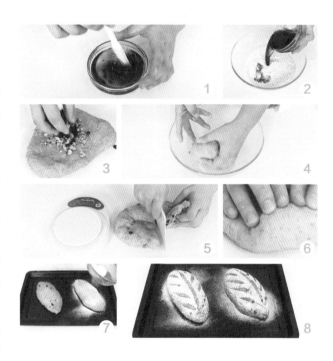

烘焙妙招

　　酵母粉用45℃左右的温水调匀，可使酵母粉更快被激活。

德式裸麦面包

⏱ 烘焙：10分钟　🍲 难易度：★☆☆

📋 材料

高筋面粉500克，黄油70克，奶粉20克，细砂糖100克，盐5克，鸡蛋1个，水200毫升，酵母粉8克，裸麦粉50克，高筋面粉适量

扫一扫学烘焙

🧑‍🍳 做法

1　将细砂糖加水搅拌至细砂糖溶化，待用。

2　用刮板将备好的高筋面粉、酵母粉、奶粉混匀，开窝。

3　加入糖水、鸡蛋、黄油、盐揉搓成面团。

4　用保鲜膜将面团包好，静置10分钟。

5　去掉面团保鲜膜。

6　取适量的面团，倒入裸麦粉，揉匀。

7　再将面团分成均等的数个剂子，揉捏匀。

8　放入烤盘，常温发酵2个小时。

9　高筋面粉过筛，均匀地撒在面团上，用刀片在生坯表面划出花瓣样划痕。

10　将生坯放入预热好的烤箱中，以上、下火190℃，烤10分钟取出即可。

牛奶芝士花形面包

⏱ 烘焙：18～20分钟　　🍲 难易度：★☆☆

🍯 材料

面团：高筋面粉245克，低筋面粉20克，酵母粉3克，细砂糖35克，芝士粉10克，牛奶115毫升，鸡蛋1个，无盐黄油30克，盐2克；**表面装饰**：全蛋液适量

👨‍🍳 做 法

1 将高筋面粉、低筋面粉、酵母粉、细砂糖、芝士粉、牛奶、鸡蛋、无盐黄油和盐拌匀，揉成面团，发酵25分钟。

2 面团分成3等份，揉圆，松弛20分钟，擀成长方形，然后在面皮的一边1/2处切7刀，卷起成柱状，两端相连，成为花形，发酵60分钟，刷上全蛋液，入烤箱烤18～20分钟即可。

⏱ 烘焙：12分钟　　🍲 难易度：★☆☆

巧克力面包

🍯 材料

面团：高筋面粉165克，奶粉8克，细砂糖40克，酵母粉3克，全蛋液28克，牛奶40毫升，水28毫升，无盐黄油20克，盐2克；**馅料**：黑巧克力适量；**表面装饰**：黑巧克力液、蛋液各适量

👨‍🍳 做 法

1 将面团材料中的粉类（除盐外）搅匀，加入全蛋液、水、牛奶、无盐黄油和盐揉成面团，发酵15分钟。

2 将面团分成3等份，揉圆，表面喷少许水，松弛，擀成椭圆形，中间放上黑巧克力，由较长的一边开始卷起，发酵40分钟，刷上蛋液，放入烤箱烤12分钟，取出后沾上巧克力液即可。

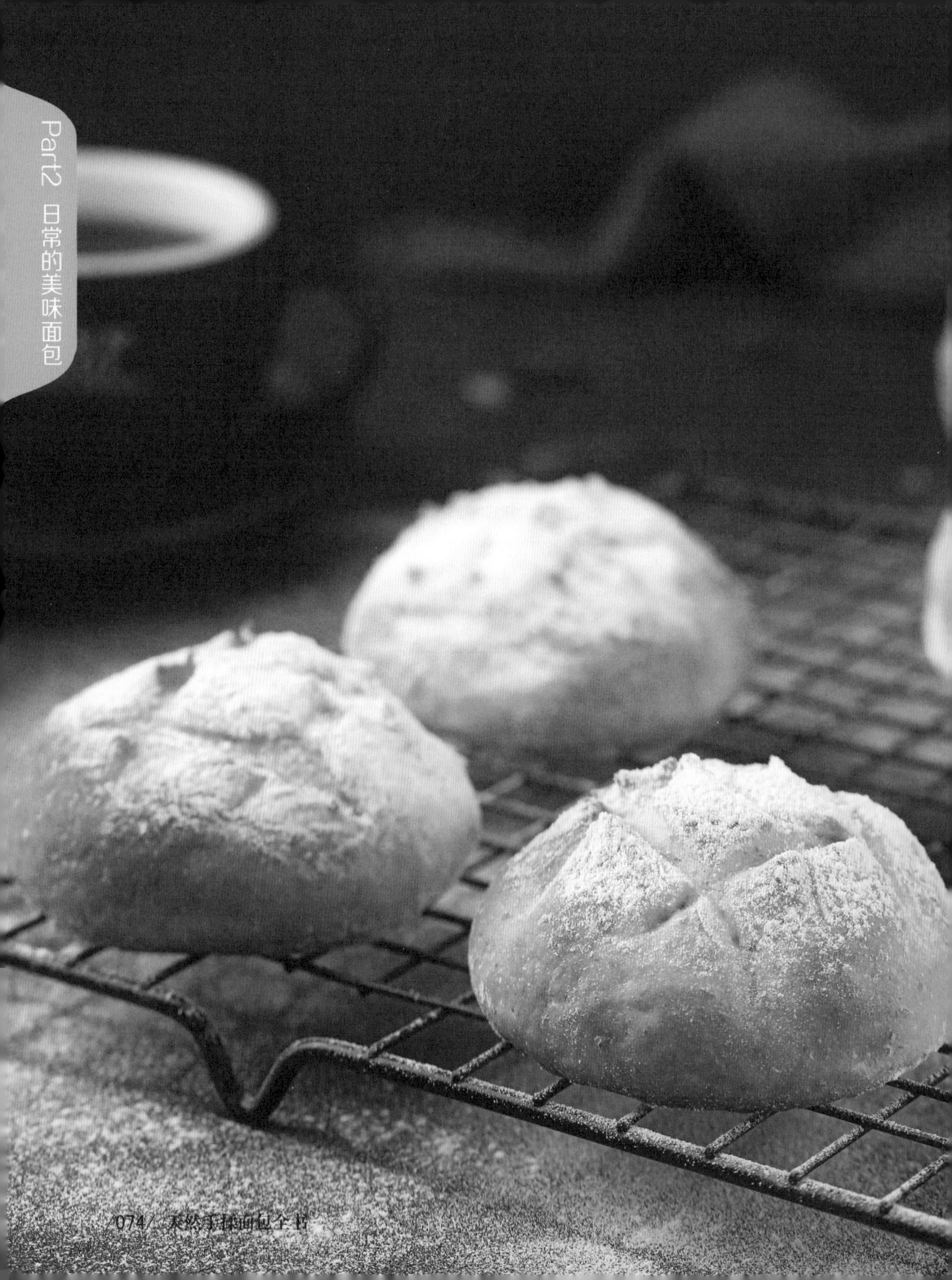

全麦海盐面包

⏱ 烘焙：15分钟　🍲 难易度：★☆☆

🥣 材 料

高筋面粉105克，全麦面粉45克，奶粉5克，细砂糖5克，盐2克，酵母粉3克，冰水105毫升，无盐黄油15克，表面装饰用高筋面粉少许

👨‍🍳 做 法

1 将高筋面粉、全麦面粉、奶粉、酵母粉、细砂糖、盐倒入大玻璃碗中，用手动搅拌器搅拌均匀。

2 倒入冰水，用手揉成团。

3 取出面团，放在干净的操作台上，反复揉扯再卷起。

4 将收口朝上，将面团揉长。

5 放上无盐黄油，收口、揉匀。

6 甩打几次，揉成纯滑面团。

7 将面团放回至大玻璃碗中，封上保鲜膜，发酵30分钟。

8 撕开保鲜膜，取出面团，用刮板分成4等份，再收口、搓圆。

9 取烤盘，铺上油纸，放上面团。

10 将烤盘放入已预热至30℃的烤箱中层，发酵约30分钟，取出。

11 筛上高筋面粉，用刀片在面团上横竖各划上两道口子。

12 将烤盘放入已预热至190℃的烤箱中层，烤15分钟即可。

烘焙妙招
　　最后发酵时要注意避免干燥，否则切面团时会拉扯到面团，产生皱纹。

韩式香蒜面包

⏱ 烘焙：20分钟　🍲 难易度：★ ☆ ☆

📖 材料

奶香面团：高筋面粉350克，奶粉20克，蛋黄（2个）38克，牛奶230毫升，盐3克，细砂糖45克，无盐黄油35克，酵母粉5克；**香蒜料**：蒜末15克，无盐黄油35克，罗勒叶碎少许；**表面材料**：罗勒叶碎少许，蛋黄液少许

👨‍🍳 做法

1 将无盐黄油、蒜末、罗勒叶碎搅拌均匀，制成香蒜料。

2 将高筋面粉、奶粉、酵母粉、盐、细砂糖搅拌均匀。

3 倒入蛋黄，搅散，再倒入牛奶，翻拌成面团。

4 取出面团，放在操作台上，反复揉搓、甩打。

5 将面团按扁，放上无盐黄油，揉成光滑的面团。

6 将面团放入大玻璃碗中，封上保鲜膜，发酵约20分钟。

7 取出面团，分成3等份，收口、搓圆，封上保鲜膜，静置发酵15～20分钟。

8 将面团擀成长舌形。

9 将香蒜料放在面团上，再卷起、收口，呈橄榄形。

10 将面团放在铺有油纸的烤盘上，刷上蛋黄液。

11 用刀片在面团中间开一个口子，撒上罗勒叶碎。

12 将烤盘放入已预热至160℃的烤箱中烤20分钟即可。

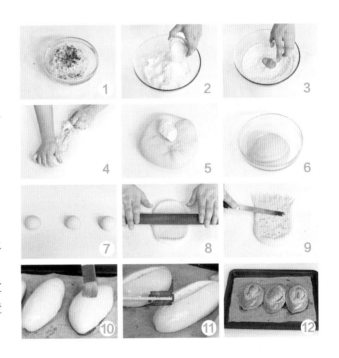

烘焙妙招

可以根据个人喜好，适当调整白糖的添加量。

咸猪仔包

⏱ 烘焙：20分钟　　🍲 难易度：★ ☆ ☆

📖 材 料

面团：高筋面粉200克，细砂糖11克，奶粉8克，酵母粉2克，牛奶35毫升，水90毫升，无盐黄油18克，盐4克；**表面装饰**：全蛋液适量

扫一扫学烘焙

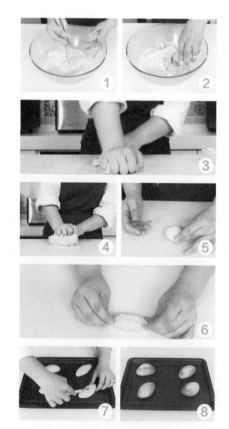

👨‍🍳 做 法

1 把面团材料中的粉类（除盐外）搅匀。

2 加入牛奶和水，拌均匀并揉成团。

3 把面团取出，放在操作台上，揉匀。

4 加入盐和无盐黄油，继续揉至完全融合成为一个光滑的面团，放入盆中，盖上保鲜膜，基本发酵15分钟。

5 取出发酵好的面团，分成4等份的小面团，并揉圆，表面喷少许水，松弛10～15分钟。

6 把小面团压扁，擀成椭圆形，卷起，底部和两端收口捏紧，放在烤盘上最后发酵45分钟。

7 发酵好的面团表面均匀地刷上全蛋液，用小刀从面团中间划一刀。

8 放入烤箱，以上、下火180℃烤约20分钟即可。

> **烘焙妙招**
> 　　适当增加酵母粉的用量，可使面包口味更加蓬松。

大蒜全麦面包

⏱ 烘焙：18分钟　🍲 难易度：★☆☆

📋 材料

面团： 高筋面粉105克，全麦面粉45克，奶粉5克，细砂糖5克，盐2克，酵母粉3克，冰水105毫升，无盐黄油15克，**内馅：** 熔化的无盐黄油40克，蒜末3克，干香葱碎少许

👨‍🍳 做法

1　将高筋面粉、全麦面粉、奶粉、酵母粉、细砂糖、盐倒入大玻璃碗中，用手动搅拌器搅拌均匀。

2　倒入冰水，用橡皮刮刀翻拌均匀，用手揉成团。

3　取出面团放在干净的操作台上，将其反复揉扯拉长，再卷起。

4　将面团收口朝上，放上无盐黄油，揉匀。

5　将其揉成纯滑的面团，放回大玻璃碗中，封上保鲜膜，静置发酵30分钟。

6　撕开保鲜膜，取出面团，分成4等份，再收口、搓圆，擀成长舌形，从一边开始翻压、卷起，收口后滚成橄榄形。

7　取烤盘，铺上油纸，放上面团，再放入已预热至30℃的烤箱中层，发酵约30分钟，取出。

8　用刀片在面团中间划一道口子。

9　将熔化的无盐黄油挤入口子中，再放上蒜末、干香葱碎。

10　将烤盘放入已预热至190℃的烤箱中层，烘烤约18分钟即可。

台式葱花面包

🕐 烘焙：15分钟　　🍲 难易度：★☆☆

🥣 材料

面团：高筋面粉200克，低筋面粉25克，细砂糖15克，酵母粉2克，盐2克，牛奶105毫升，鸡蛋1个，无盐黄油20克；**馅料**：葱末50克，鸡蛋1个，植物油15毫升，盐适量，白胡椒粉适量

👨‍🍳 做法

1　将面团材料中的粉类放入大盆中搅匀后，加入牛奶和鸡蛋，拌匀并揉成团。

2　加入无盐黄油，慢慢揉均匀后，把面团放入盆中，包上保鲜膜，基本发酵25分钟。

3　取出发酵好的面团，分成6等份，揉圆，表面喷少许水，松弛10～15分钟。

4　分别把小面团稍压扁成椭圆形后，一边压一边卷起成橄榄形，底部收口捏紧。

5　把小面团均匀地放在烤盘上，发酵50分钟。

6　把馅料中的所有材料放入大碗中，拌匀。

7　在面团中间划一刀，放上拌好的馅料。

8　放入烤箱以上火180℃、下火190℃烤约15分钟，取出即可。

烘焙妙招

　　若无低筋面粉，可用高筋面粉和玉米淀粉以1:1比例调配。

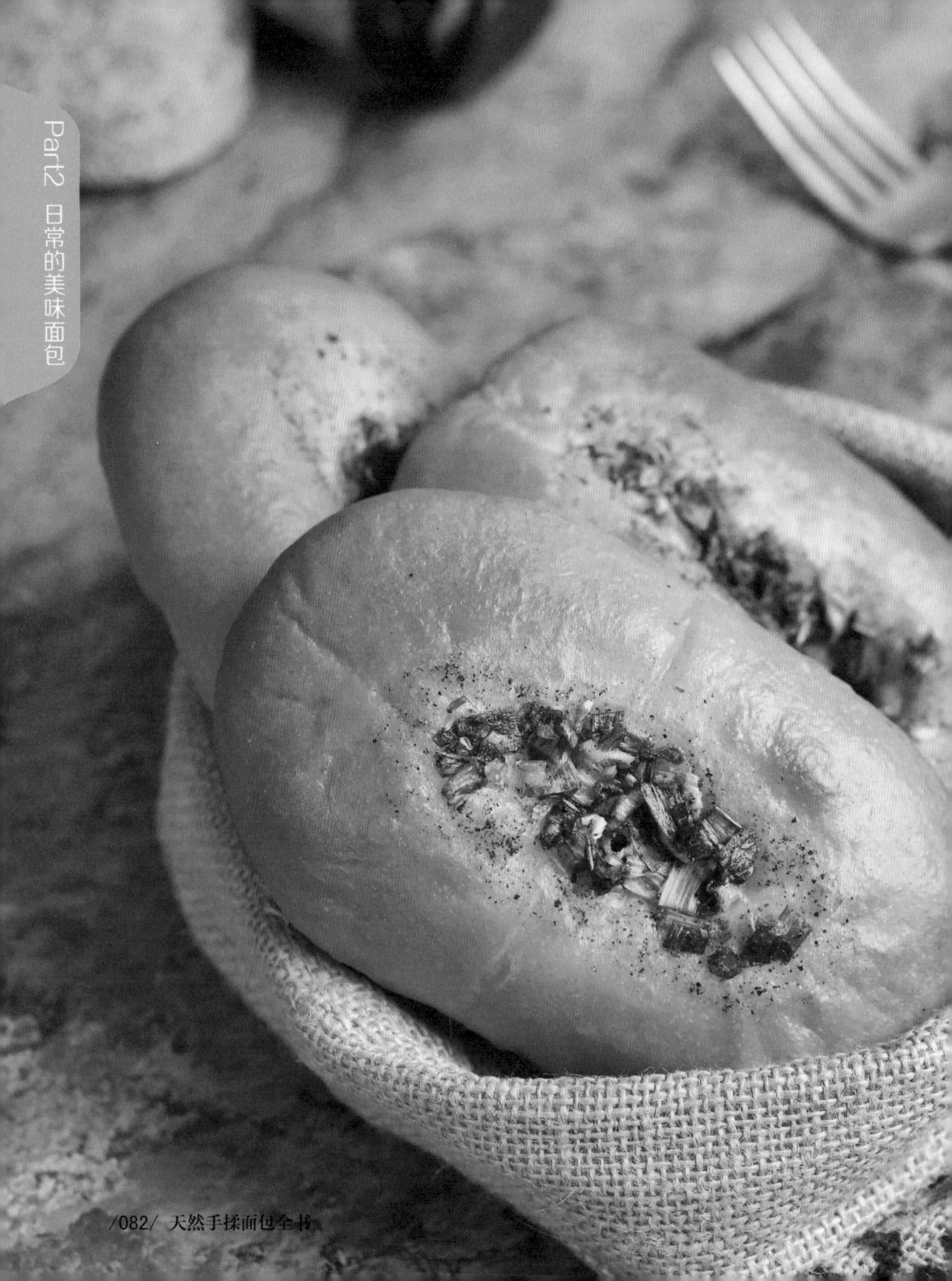

黄金猪油青葱包

⏱ 烘焙：15分钟　　🍲 难易度：★☆☆

🍱 材 料

高筋面粉250克，海盐5克，细砂糖25克，酵母粉9克，奶粉8克，全蛋液25克，蛋黄12克，牛奶12毫升，水117毫升，无盐黄油45克，猪油62克，盐1克，糖粉2克，白胡椒粉1克，葱末75克

👨‍🍳 做 法

1　将高筋面粉、海盐、酵母粉、细砂糖、奶粉放入搅拌盆中，用手动打蛋器搅拌均匀。

2　将水、全蛋液、蛋黄、牛奶倒入面粉盆，用橡皮刮刀搅拌均匀后，手揉面团至面团起筋。

3　在面团中加入无盐黄油，用手揉至无盐黄油被完全吸收，呈光滑的面团即可。

4　将面团放入碗中，盖上保鲜膜，发酵15分钟。

5　将发酵后的面团分成3个等量的面团，盖上保鲜膜，表面喷少许水，松弛10分钟左右。

6　将面团用擀面杖稍微擀平，发酵30分钟。

7　将猪油、葱末、糖粉、盐、白胡椒粉拌匀成内馅，装入裱花袋。面团中摁出凹处，挤上内馅。

8　将面包生坯放入烤箱，以上、下火180℃的温度烘烤15分钟即可。

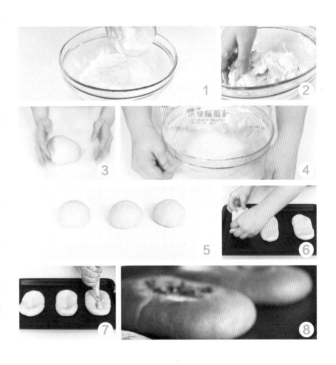

烘焙妙招

　　烤箱要提前10分钟预热，可以在装饰面团时预热。

胡萝卜培根面包

⏱ 烘焙：20分钟　🍲 难易度：★☆☆

📋 材料

高筋面粉150克，培根碎15克，奶粉3克，胡萝卜汁80毫升，细砂糖8克，盐2克，无盐黄油25克，酵母粉3克，黑胡椒碎3克

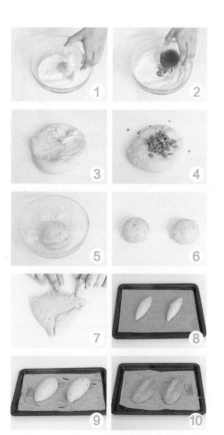

👨‍🍳 做法

1 将高筋面粉、奶粉、细砂糖、酵母粉、盐倒入大玻璃碗中，用手动搅拌器搅匀。

2 倒入胡萝卜汁，翻拌均匀，揉搓成团。

3 将面团反复揉扯，再滚圆成光滑的面团，按扁，放上无盐黄油，收口，揉搓至混合均匀。

4 再将面团按扁，放上培根碎、黑胡椒碎，继续将面团甩打、揉搓至光滑。

5 将面团放回大玻璃碗中，封上保鲜膜，室温环境中静置发酵约15分钟。

6 取出面团，用刮板分切成两等份，收口、搓圆，用擀面杖擀成圆形面皮。

7 将两边对折，按压固定住底边，再卷起，搓成纺锤形，即成面包坯。

8 取烤盘，在烤盘上铺上油纸，再放上面包坯。

9 将烤盘放入已预热至30℃的烤箱中层，发酵约30分钟，取出。

10 用刀片在面团正中间划开一道口子，放入已预热至180℃的烤箱中层，烘烤约20分钟即可。

香草佛卡夏

🕐 烘焙：23分钟　🍲 难易度：★ ☆ ☆

🔖 材料

高筋面粉238克，老面56克，酵母粉4克，细砂糖25克，盐5克，清水153毫升，芥花籽油25毫升，鸡蛋液少许，迷迭香少许，大蒜（切条）少许

👨‍🍳 做法

1. 将高筋面粉、酵母粉、细砂糖、盐倒入大玻璃碗中，搅拌均匀。
2. 倒入清水、芥花籽油，放入老面，用橡皮刮刀翻压几下，再用手揉成无干粉的团。
3. 取出面团，放在干净的操作台上，反复揉扯、甩打至光滑，搓圆。
4. 将面团放回至大玻璃碗中，封上保鲜膜，室温环境中静置发酵约15分钟。
5. 取出面团，用刮板分切成3等份，再收口、搓圆，擀成长舌形的面皮。
6. 将面皮放在铺有油纸的烤盘上，用叉子均匀插上气孔，再盖上保鲜膜，放入已预热至30℃的烤箱中层，静置发酵约30分钟。
7. 取出烤盘，用刷子将鸡蛋液刷在面皮表面。
8. 撒上迷迭香，放上大蒜条，制成面包坯。
9. 放入已预热至30℃的烤箱中发酵30分钟。
10. 将面包坯放入已预热至180℃的烤箱中层，烘烤约15分钟，再转190℃烤约8分钟即可。

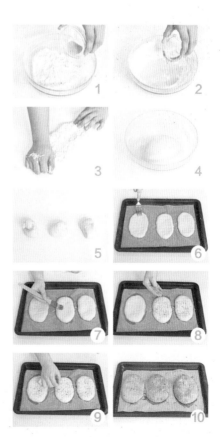

方形白吐司

⏱ 烘焙：30分钟　🍲 难易度：★★☆

📖 材料

高筋面粉400克，酵母3克，鸡蛋（1个）55克，奶粉25克，细砂糖57克，盐10克，无盐黄油30克，清水14毫升

🍳 做法

1 将高筋面粉、奶粉、细砂糖、盐倒入大玻璃碗中，搅拌均匀。

2 倒入鸡蛋、清水，再放入酵母，揉搓成团。

3 取出面团，放在操作台上，反复甩打、揉扯、滚圆。

4 按扁后放上无盐黄油，揉搓均匀，再搓圆。

5 将面团放回至大玻璃碗中，封上保鲜膜，放入已预热至38℃的烤箱中发酵30分钟。

6 取出面团，用刮板分切成两等份，收口、滚圆。

7 擀成椭圆形的薄面皮。

8 再卷成卷，制成吐司坯，放入内壁抹上无盐黄油（分量外）、撒上高筋面粉（分量外）的吐司模具中。

9 盖上吐司模具盖子，放入已预热至30℃的烤箱中层，静置发酵约50分钟，取出。

10 将吐司坯放入已预热至180℃的烤箱中烤30分钟即可。

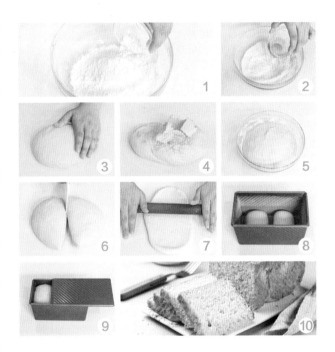

烘焙妙招

内壁抹上无盐黄油、撒上高筋面粉是为了防止吐司粘在模具上。

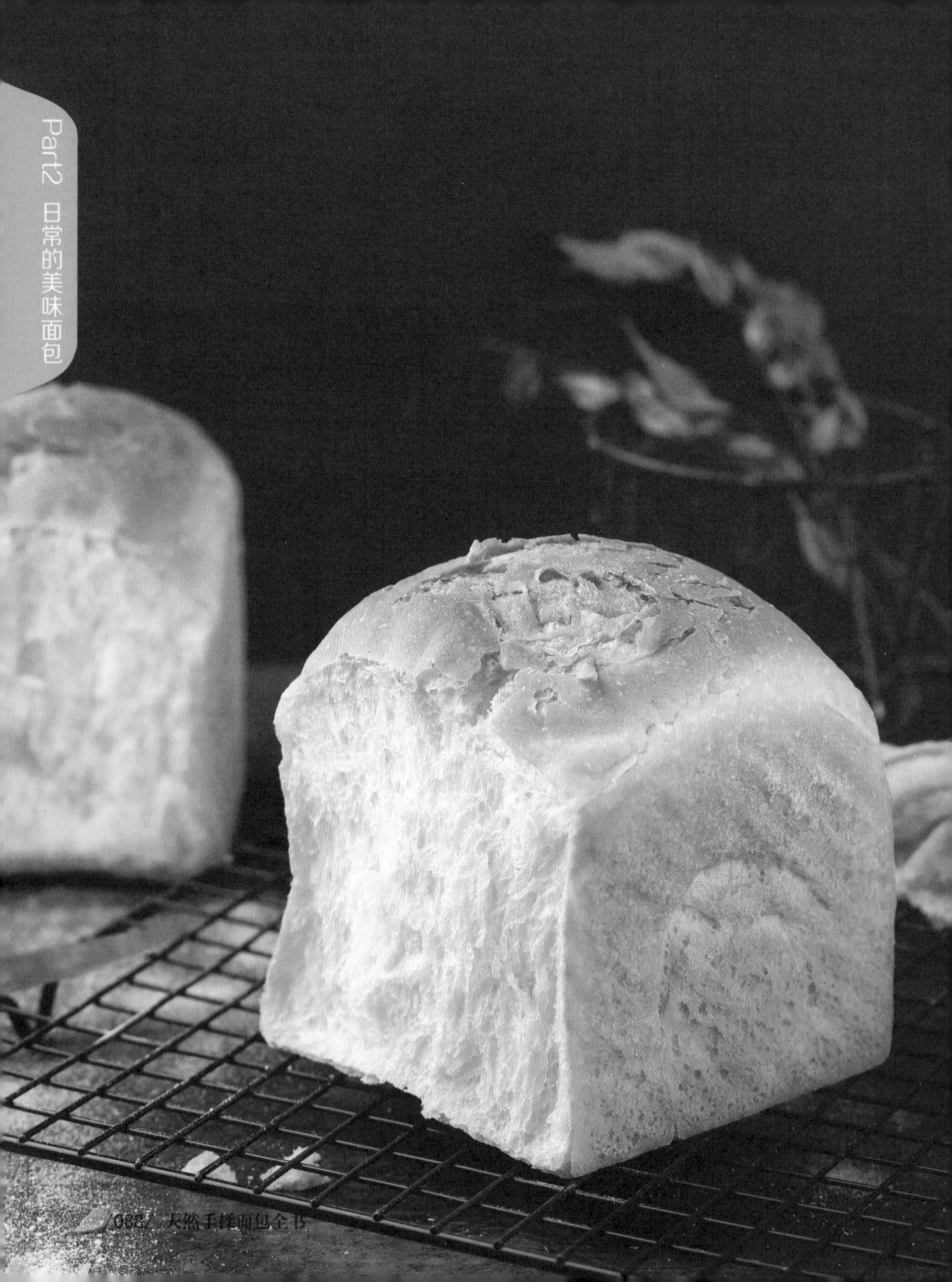

山行脆皮吐司

🕐 烘焙：40分钟　　🍲 难易度：★★☆

📦 材料

高筋面粉175克，低筋面粉75克，酵母2克，清水150毫升，酵母粉3.5克，盐4.5克，无盐黄油适量

👨‍🍳 做法

1. 将高筋面粉、低筋面粉、酵母粉、盐倒入大玻璃碗中。
2. 放入清水、酵母揉匀。
3. 取出面团，放在干净的操作台上，揉成光滑的面团。
4. 将面团放回大玻璃碗中，封上保鲜膜，放入已预热至30℃的烤箱中发酵30分钟。
5. 撕开保鲜膜，取出面团，用手指戳一下面团的正中间，没有迅速复原为发酵好的状态。
6. 将面团分成两等份，搓圆。
7. 将面团擀成厚度约为1厘米的长舌形的扁面皮，再卷成卷，即成吐司坯。
8. 取吐司模具，往内壁抹上无盐黄油，再撒上高筋面粉（分量外）后抹匀，将吐司坯放入模具内。
9. 将模具放入已预热至30℃的烤箱中发酵50分钟，取出。
10. 将吐司坯放入已预热至200℃的烤箱中烤约20分钟，再转180℃，续烤20分钟即可。

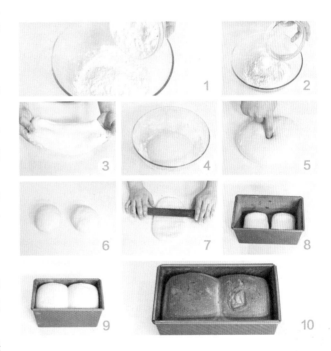

> **烘焙妙招**
>
> 　　在成形过程中，用擀面杖排出气体以及卷起面团时，力道都要相同。

蓝莓吐司

⏱ 烘焙：35分钟　🍲 难易度：★ ☆ ☆

📖 材 料

高筋面粉300克，酵母粉6克，盐6克，细砂糖10克，无盐黄油
25克，蓝莓果酱120克，水80毫升

👨‍🍳 做 法

1 把蓝莓果酱倒入水中拌匀，
　备用。

2 把面团材料中的粉类（除盐
　外）搅匀。

3 加入步骤1的材料，拌匀并揉
　成团。把面团取出，放在操
　作台上，揉圆。

4 加入盐和无盐黄油，继续揉
　至完全融合成为一个光滑的
　面团。

5 把面团放入盆中，盖上保鲜
　膜，发酵20分钟。

6 取出发酵好的面团，用擀面
　杖擀平成长方形，卷起成柱
　状，底部和两端收口捏紧，
　放入吐司模中，最后发酵90
　分钟，至七分满模。

7 吐司模放在烤盘上，再放
　入烤箱以上火180℃、下火
　170℃烤35分钟。

8 取出烤好的吐司即可。

烘焙妙招

　　制作这款面包要选用高筋面
粉，烤好的面包才有嚼劲。

黄金胚芽吐司

🕐 烘焙：35～40分钟　🍲 难易度：★☆☆

📖 材料

高筋面粉500克，小麦胚芽30克，细砂糖60克，原味酸奶50克，牛奶50毫升，水300毫升，无盐黄油30克，盐10克，酵母粉6克

扫一扫学烘焙

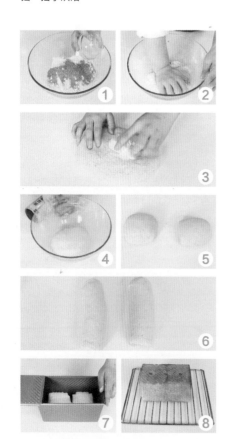

👨‍🍳 做法

1 将面团材料中的粉类（除盐外）与小麦胚芽放入大盆中搅匀。

2 加入原味酸奶、牛奶和水，拌匀并揉成团。

3 从大盆中取出面团，加入无盐黄油和盐，通过揉和甩打，混匀。

4 面团放入盆中，盖上保鲜膜，基本发酵20分钟。

5 取出发酵好的面团，分成两等份并揉圆，表面喷少许水，松弛10～15分钟。

6 两个面团分别擀成长圆形，将面团由外侧向内开始卷起成柱状，两端收口捏紧，将面团旋转90°，再擀成长圆形，重复此步骤4～5次。

7 把面团放在吐司模具中，盖上盖子，发酵120分钟，发酵至面团顶住盖子。

8 放入烤箱以上火220℃、下火240℃烤熟即可。

蔓越莓吐司

🕐 烘焙：40分钟　🍲 难易度：★ ☆ ☆

🍱 材 料

面团：高筋面粉270克，低筋面粉30克，奶粉15克，细砂糖10克，酵母粉3克，水205毫升，无盐黄油20克，盐2克；**馅料**：蔓越莓干适量

扫一扫学烘焙

👨‍🍳 做 法

1 将面团材料中的所有粉类放入大盆中搅匀。

2 加入水，拌匀并揉成团。

3 加入无盐黄油，揉均匀。

4 把面团放入盆中，盖上保鲜膜，发酵25分钟。

5 取出发酵好的面团，分成两等份，揉圆，表面喷少许水，松弛10~15分钟后，再擀成长圆形。

6 面团擀成长圆形，将面团由外侧向内开始卷起成柱状，两端收口捏紧，将面团旋转90度，再擀成长圆形，重复此步骤4~5次。

7 把面团擀成长圆形，撒上蔓越莓干，卷起成柱状，放入吐司模中发酵约90分钟，盖上盖子。

8 放入烤箱以上火210℃、下火200℃烤约40分钟，取出即可。

烘焙妙招

将面包倒出模具时，最好戴着隔热手套，以免烫伤。

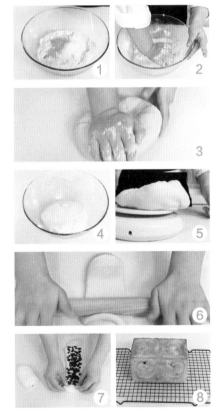

枫叶红薯面包

🕐 烘焙：30分钟　🍲 难易度：★★☆

📖 材 料

面团：高筋面粉280克，酵母粉2克，细砂糖20克，鸡蛋1个，牛奶120毫升，盐2克，无盐黄油45克，黑芝麻8克，白芝麻8克；**表面装饰：**红薯（煮熟切块）适量，枫糖浆40克，无盐黄油45克

🍴 做 法

1 将装饰材料中的40克无盐黄油和枫糖浆隔水熔化，备用。

2 把面团材料中的粉类（除盐外）搅匀，加入鸡蛋、牛奶、黑芝麻、白芝麻，拌匀并揉成团。

3 把面团取出，放在操作台上，揉匀。

4 加入盐和45克无盐黄油，揉成为一个光滑的面团，放入盆中，盖上保鲜膜，基本发酵15分钟。

5 取出发酵好的面团，分割成21等份的小面团，并揉圆，表面喷少许水，松弛10~15分钟。

6 小面团蘸上黄油糖浆；红薯块放入剩余的黄油糖浆中拌匀，与小面团间隔着放入吐司模中。

7 5克无盐黄油用微波炉（10秒）熔化后，刷在面团表面。面团发酵90分钟至七分满模。

8 放入烤箱以上火190℃、下火180℃烤30分钟即可。

烘焙妙招

　　面团揉搓至其表面光滑，撑开、拉扯时具有良好韧性。

奶油地瓜吐司

🕐 烘焙：38分钟　🍲 难易度：★ ☆ ☆

📖 材 料

高筋面粉280克，酵母粉4克，细砂糖28克，牛奶130毫升，番薯泥120克，盐2克，无盐黄油20克，熔化的无盐黄油15克

👨‍🍳 做 法

1　把材料中的粉类（除盐外）搅匀。

2　加入番薯泥和牛奶，拌匀并揉成团。把面团取出，放在操作台上，揉匀。

3　加入盐和无盐黄油，继续揉至完全融合成为一个光滑的面团，放入盆中，盖上保鲜膜，基本发酵20分钟。

4　将面团分成3等份，表面喷水松弛10~15分钟。

5　分别把3个面团揉成椭圆形。

6　用擀面杖把面团擀成长圆形，然后卷成圆柱状，整齐地放入吐司模中，最后发酵90分钟至七分满模。

7　发酵好的面团表面刷上熔化的无盐黄油。

8　放入烤箱以上、下火170℃烤约38分钟即可。

> **烘焙妙招**
> 　在模具中刷一层黄油，这样更方便吐司脱模。

巧克力大理石吐司

🕐 烘焙：35分钟　　🍲 难易度：★★☆

📋 材料

面团：高筋面粉250克，细砂糖15克，酵母粉2克，原味酸奶25克，牛奶25毫升，水150毫升，无盐黄油15克，盐5克；**馅料**：巧克力酱（装入裱花袋中备用）50克

扫一扫学烘焙

👨‍🍳 做法

1 将面团材料中的粉类（除盐外）放入大盆中搅匀，加入原味酸奶、牛奶和水，拌匀并揉成团。

2 加入无盐黄油和盐，通过揉和甩打，将面团混合均匀。

3 把面团放入盆中，盖上保鲜膜，发酵20分钟。

4 取出发酵好的面团，稍压扁后用擀面杖擀成长方形。

5 在面团中间均匀地挤上一排巧克力酱。

6 面团对折，用刮板在表面切两刀，切断一边，另一边不要切断。

7 用编辫子的手法把面团做成辫子的形状。

8 放入吐司模中，发酵90分钟至八分满模，放入烤箱以上火190℃、下火200℃烤35分钟即可。

> **烘焙妙招**
>
> 在烤好的吐司上刷一层蜂蜜，可使其口感更佳。

葡萄干吐司

⏱ 烘焙：25分钟　🍲 难易度：★☆☆

📋 材料

高筋面粉250克，盐5克，细砂糖30克，酵母粉3克，原味酸奶25克，牛奶25毫升，水150毫升，无盐黄油15克，葡萄干50克，红酒5毫升

扫一扫学烘焙

👨‍🍳 做法

1 将高筋面粉、盐、细砂糖、酵母粉放入搅拌盆中，用手动打蛋器搅拌均匀。

2 倒入水、牛奶、原味酸奶、红酒继续搅拌，至液体材料与粉类材料完全融合。

3 用手揉成面团，揉约15分钟，至面团起筋。

4 在面团中加入无盐黄油，揉成光滑的面团。

5 加入葡萄干揉均匀后将面团放入搅拌盆中，盖上保鲜膜，表面喷少许水，松弛约15分钟。

6 取出面团，将其分成两等份的面团，揉至光滑，并搓成圆形。

7 将面团擀平再卷成圆柱形，放进吐司模具中压好，室温发酵60分钟。

8 放入烤箱以上、下火180℃烤25分钟即可。

烘焙妙招

掌握好面粉与酵母粉的比例是制作面包的关键。

培根芝士吐司

⏱ 烘焙：25分钟　🍲 难易度：★★☆

📖 材 料

面团：高筋面粉250克，海盐5克，细砂糖25克，酵母粉9克，奶粉8克，全蛋液25克，蛋黄12克，牛奶12毫升，水117毫升，无盐黄油45克；**馅料**：芝士丁30克，培根2片，洋葱片30克，芝士碎适量，沙拉酱20克，芥末酱适量，全蛋液适量

🍳 做 法

1 将高筋面粉、细砂糖、海盐、酵母粉、奶粉放入搅拌盆中，用手动打蛋器搅拌均匀。

2 倒入水、全蛋液、蛋黄、牛奶，用橡皮刮刀搅拌均匀后，手揉面团15分钟，至面团起筋。

3 加入无盐黄油，揉至面团光滑。

4 面团盖上保鲜膜，待面团基本发酵约15分钟。

5 将松弛后的面团分成两份等量的面团，并将其揉成圆形，包上保鲜膜，松弛约15分钟。

6 取出面团，将其擀平，各加入芝士丁、培根一片，卷成卷，放进吐司模具，压扁，发酵约90分钟。

7 在面团表面刷上全蛋液，放上洋葱片、芝士碎，并挤上沙拉酱和芥末酱。

8 放入烤箱，以上、下火180℃的温度烤25分钟即可。

烘焙妙招

　　面包最理想的烘烤程度是整体烤出漂亮的金黄色。

核果吐司

⏱ 烘焙：30分钟　🍲 难易度：★★☆

📖 材料

高筋面粉250克，细砂糖37克，清水100毫升，牛奶25毫升，鸡蛋25克，酵母粉3克，盐3克，黑芝麻粉25克，无盐黄油25克，核桃仁碎45克，熔化的无盐黄油少许，脱模用的高筋面粉少许

👨‍🍳 做法

1 将高筋面粉、黑芝麻粉、酵母粉、细砂糖倒入大玻璃碗中，用手动搅拌器搅拌均匀。

2 倒入鸡蛋、清水、牛奶，翻拌成无干粉的面团。

3 取出面团，放在操作台上，反复揉搓、甩打至起筋，再卷起、按扁。

4 放上无盐黄油、盐，反复揉扯至无盐黄油与面团混合均匀，反复甩打至起筋，再滚圆。

5 将面团放回大玻璃碗中，封上保鲜膜，室温环境中静置发酵10~15分钟。

6 取出面团放在操作台上，将面团按扁，放上核桃仁碎，揉搓几下，用刮板切成几块后叠加在一起，再搓圆。

7 将搓圆的面团再次放入大玻璃碗中，封上保鲜膜，松弛发酵约10分钟。

8 撕开保鲜膜，用手指戳一下面团的正中间，以面团没有迅速复原为发酵好的状态。

9 取出面团，放在干净的操作台上，擀成长片状，按压一边使其固定，再从另一边开始卷成卷，制成面包坯。

10 取吐司模具，往模具内壁刷上无盐黄油（分量外），撒上高筋面粉（分量外）后抹匀，再放入面包坯。

11 盖上吐司模具盖子，放入已预热至30℃的烤箱中层，静置发酵约30分钟，取出。

12 再放入已预热至190℃的烤箱中层，烤30分钟，取出脱模即可。

菠菜吐司

⏱ 烘焙：25分钟　📷 难易度：★★☆

🍶 材料

菠菜面团：高筋面粉250克，菠菜汁85毫升，奶粉5克，盐3克，细砂糖15克，酵母粉4克，无盐黄油20克；**原味面团**：高筋面粉166克，奶粉5克，盐3克，细砂糖10克，酵母粉4克，无盐黄油20克，清水120毫升

👩‍🍳 做法

1 将高筋面粉、奶粉、盐、细砂糖、酵母粉倒入大玻璃碗中，用手动搅拌器搅拌均匀。

2 倒入菠菜汁，翻拌至无干粉，再用手按揉几下，倒在操作台上。

3 反复揉扯、甩打，放上无盐黄油，揉搓成光滑的面团，即成菠菜面团。

4 将面团放回至大玻璃碗中，封上保鲜膜，室温环境中静置发酵约40分钟。

5 将高筋面粉、奶粉、盐、细砂糖、酵母粉倒入另一个大玻璃碗中，搅拌均匀。

6 倒入清水，翻拌至无干粉。

7 反复揉扯、甩打，放上无盐黄油，揉搓成光滑的面团，即成原味面团。

8 将面团放回至大玻璃碗中，封上保鲜膜，室温环境中静置发酵约30分钟。

9 取出两种面团，擀成厚度约为1厘米的圆形面皮。

10 将擀好的原味面皮贴在菠菜面皮上，再卷成卷，即成吐司坯。

11 取吐司模具，放入吐司坯，盖上盖再放入已预热至30℃的烤箱中层，静置发酵约90分钟，取出。

12 放入已预热至190℃的烤箱中层，烘烤约25分钟即可。

红酒蓝莓面包

🕐 烘焙：20分钟　🍲 难易度：★★☆

🍶 材料

面团：高筋面粉250克，蓝莓汁50毫升，蓝莓干30克，红酒100毫升，蓝莓酱15克，牛奶25毫升，细砂糖50克，无盐黄油75克，酵母粉4克，盐3克，清水100毫升；**可可酱**：低筋面粉60克，可可粉10克，橄榄油50毫升，糖粉25克，鸡蛋液55克

🍳 做法

1 将高筋面粉、酵母粉、细砂糖、盐倒入大玻璃碗中，用手动搅拌器搅拌均匀。

2 倒入牛奶、清水、蓝莓汁，翻拌均匀成无干粉的面团。

3 取出面团放在干净的操作台上，反复揉扯拉长、甩打，再揉搓至混合均匀。

4 将面团稍稍按扁，放上无盐黄油，混合均匀，甩打几次至起筋，将面团滚圆。

5 将面团放回至大玻璃碗中，封上保鲜膜，静置发酵约40分钟。

6 将蓝莓干放入装有红酒的玻璃碗中，浸泡至发胀。

7 取出面团，擀成长舌形，刷上一层蓝莓酱，放上浸泡过红酒的蓝莓。

8 提起面团卷起来，再放入面包模具里。

9 将模具放入已预热至30℃的烤箱中发酵30分钟，取出，

面团表面刷上一层鸡蛋液。

10 将可可粉、橄榄油倒入干净的玻璃碗中搅匀，倒入剩余鸡蛋液、糖粉拌匀，筛入低筋面粉拌匀，即成可可酱。

11 将可可酱装入套有圆形裱花嘴的裱花袋里，用剪刀在裱花袋尖端处剪一个小口。

12 将可可酱来回挤在面团上，再将面包模具放入已预热至180℃的烤箱中层，烘烤约20分钟至上色即可。

比萨洋葱面包

⏱ 烘焙：15分钟　🍲 难易度：★★☆

🍲 材料

高筋面粉250克，洋葱条10克，无盐黄油15克，细砂糖20克，盐3克，酵母粉3克，鸡蛋60克，黑胡椒粒1克，清水100毫升，芝士块适量，鸡蛋液少许

👨‍🍳 做法

1 将高筋面粉、细砂糖、盐、酵母粉倒入玻璃碗中搅匀。

2 倒入鸡蛋、清水，翻拌至无干粉，再用手揉搓几下。

3 取出后放在干净的操作台上，揉扯成面团，搓圆。

4 将面团按扁，放上无盐黄油，收口后揉搓均匀。

5 再将面团多次揉扯长，卷起后收口、搓圆。

6 将面团按扁，放上黑胡椒粒，收口，揉匀。

7 将面团放回至玻璃碗中，封上保鲜膜，发酵约15分钟。

8 撕开保鲜膜，用手指戳一下面团的正中间，以面团没有迅速复原为发酵好的状态。

9 将面团分成两等份，搓圆。

10 将面团擀成长舌形，从一边开始卷起，揉搓成两头稍尖的条，两条扭在一起。

11 放入铺有油纸的面包模具里，再放入已预热至30℃的烤箱中发酵30分钟。

12 刷上鸡蛋液，放上洋葱条、芝士块，再放入已预热至180℃的烤箱中层烘烤15分钟即可。

> **烘焙妙招**
> 鸡蛋要提前搅拌均匀，制成鸡蛋液。

亚尔萨斯香料面包

🕙 烘焙：40分钟　　🍲 难易度：★☆☆

📋 材 料

高筋面粉220克，鸡蛋（2个）106克，红糖100克，无盐黄油120克，蜂蜜100克，白芝麻5克，盐0.5克，泡打粉1克

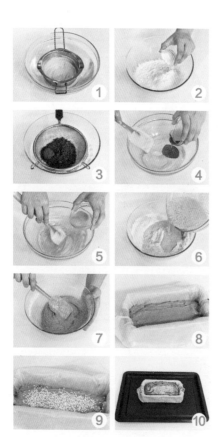

👨‍🍳 做 法

1　将无盐黄油倒入不锈钢锅中，再隔热水用橡皮刮刀搅拌至熔化。

2　将高筋面粉、泡打粉、盐倒入大玻璃碗中，用手动搅拌器搅拌均匀。

3　将红糖过筛至碗里，用手动搅拌器搅拌均匀。

4　将熔化的无盐黄油、蜂蜜拌匀。

5　分两次倒入鸡蛋，均用橡皮刮刀拌匀。

6　将拌匀的材料倒入装有高筋面粉的大玻璃碗中。

7　用橡皮刮刀翻拌至无干粉状，制成面包糊。

8　取磅蛋糕模具，铺上一层油纸，倒入面包糊。

9　在面包糊的表面撒上白芝麻。

10　放入已预热至180℃的烤箱中层，烤约40分钟，取出烤好的面包，晾凉后脱模即可。

> **烘焙妙招**
> 　　和面时要和得均匀，使面团表面光滑才可。

蓝莓贝果

⏱ 烘焙：23分钟　🍲 难易度：★★☆

🍶 材料

面团： 高筋面粉160克，全麦面粉40克，细砂糖8克，蓝莓50克，鸡蛋（1个）55克，酵母4克，盐3克；**氽烫糖水：** 细砂糖50克，清水500毫升

👨‍🍳 做法

1. 将高筋面粉、酵母、盐、细砂糖、全麦面粉倒入大玻璃碗中拌匀。

2. 倒入清水、鸡蛋，翻压成团，再用手揉几下。

3. 取出放在干净的操作台上，揉搓成光滑面团。

4. 将面团按扁，放上蓝莓，揉几下，用刮板切成几块后再翻压、搓圆。

5. 将面团放回至大玻璃碗中，封上保鲜膜，常温静置发酵10~15分钟。

6. 取出面团，用刮板分成4等份，收口、搓圆，再盖上保鲜膜，松弛发酵10分钟。

7. 撕开保鲜膜，将面团擀成长舌形，按压长的一边使其固定，从另一边开始卷起，再搓成条。

8. 将条形面团卷成首尾相连的圈，再放在比面团稍大的油纸上，发酵30分钟。

9. 锅中倒入清水、细砂糖，用中火煮至沸腾，放入蓝莓贝果坯。两面各烫20秒，翻面前取走油纸，捞出沥干水分，放在铺有油纸的烤盘上。

10. 将烤盘放入已预热至180℃的烤箱中层，烘烤约15分钟，再转190℃，烘烤约8分钟即可。

全麦核桃贝果

⏱ 烘焙：23分钟　　🍲 难易度：★★☆

🍯 材 料

面团：高筋面粉160克，全麦面粉40克，核桃仁碎35克，细砂糖8克，鸡蛋（1个）55克，酵母粉4克，盐3克；**汆烫糖水：**细砂糖50克，清水500毫升

👨‍🍳 做 法

1　将高筋面粉、酵母粉、盐、细砂糖、全麦面粉倒入大玻璃碗中，用手动搅拌器搅拌均匀。

2　倒入清水、鸡蛋，用橡皮刮刀翻压成团，再用手揉几下。

3　取出面团，放在干净的操作台上，反复揉扯、翻压、甩打，揉搓至光滑。

4　将面团按扁，放上核桃仁碎，揉几下，再用刮板切成几块，翻压、搓圆。

5　将面团放回至大玻璃碗中，封上保鲜膜，常温静置发酵10～15分钟。

6　撕开保鲜膜，用手指戳一下面团的正中间，以面团没有迅速复原为发酵好的状态。

7　取出面团，用刮板分成4等份，收口、搓圆，再盖上保鲜膜，松弛发酵10分钟。

8　撕开保鲜膜，将面团擀成长舌形，按压长的一边固定，再从另一边开始卷成条。

9　按压条形面团的一端使其固定，由另一端开始将面团卷成首尾相连的圈，再放在比面团稍大的油纸上，即成全麦核桃贝果坯。

10　锅中倒入清水、细砂糖，用中火煮至沸腾。

11　放入全麦核桃贝果坯，两面各烫20秒，捞出沥干水分，放在铺有油纸的烤盘上。

12　将烤盘放入已预热至180℃的烤箱中层，烘烤约15分钟，再转190℃，烘烤约8分钟即可。

火腿贝果

⏱ 烘焙：15分钟　🍲 难易度：★★☆

📋 材料

高筋面粉250克，鸡蛋（1个）55克，
细砂糖30克，无盐黄油30克，盐3克，
酵母粉4克，黑胡椒粒1克，火腿肠粒
15克，清水600毫升

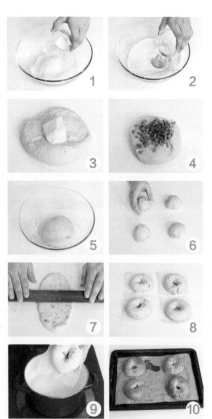

👨‍🍳 做法

1　将高筋面粉、20克细砂糖、盐、酵母粉搅匀。

2　倒入鸡蛋、100毫升清水，用手揉搓成面团。

3　取出面团，放在操作台上，反复揉扯，再将面团搓圆，按扁，放上无盐黄油揉匀，搓圆。

4　将面团按扁，放上火腿肠粒、黑胡椒粒，收口，用刮板多次将面团切成几块后再揉搓成团。

5　将面团放回至大玻璃碗中，封上保鲜膜，室温环境中静置发酵约15分钟。

6　取出面团，分切成4等份，搓圆，封上保鲜膜，室温环境中松弛发酵约15分钟。

7　撕掉保鲜膜，将面团擀成长舌形，从一边开始卷成条，再卷成首尾相连的圈。

8　再放在比面团稍大的油纸上，即成火腿贝果坯，盖上保鲜膜，松弛发酵20分钟。

9　锅中加10克细砂糖、500毫升清水，中火烧开，放入火腿贝果坯，两面各烫20秒，翻面前取走油纸，捞出，放在铺有油纸的烤盘上。

10　放入已预热至180℃的烤箱中烤15分钟即可。

Part 3

有料的点心面包

科学的来讲面包归属在点心类，它早中晚都可以食用。尤其是下午茶，一杯咖啡、花茶或者果汁，搭配一个夹馅面包，真是让人感到惬意！本章节将介绍美味又有料的点心面包，千万不要错过了！

黑巧面包

⏱ 烘焙：15分钟　📦 难易度：★ ★ ☆

📖 材料

面团：高筋面粉200克，黑巧克力（4块）60克，巧克力豆15克，奶粉5克，可可粉5克，细砂糖15克，盐3克，酵母粉5克，无盐黄油15克，清水150毫升；**表面材料**：高筋面粉少许

👨‍🍳 做法

1 将高筋面粉、奶粉、细砂糖、盐、酵母粉倒入大玻璃碗中，搅拌均匀。

2 倒入可可粉，拌匀，倒入清水，用橡皮刮刀翻压几下，用手揉搓成团。

3 取出面团，放在干净的操作台上，将其反复揉扯拉长、甩打，再搓圆。

4 将面团稍稍按扁，放上无盐黄油，用手抓匀，揉至无盐黄油与面团完全混合均匀，再揉圆。

5 再次将面团按扁，放上巧克力豆，揉搓均匀，甩打几次至起筋，将面团揉搓圆。

6 将面团放回至大玻璃碗中，封上保鲜膜，静置发酵约40分钟。

7 撕开保鲜膜，用手指戳一下面团的正中间，以面团没有迅速复原为发酵好的状态。

8 取出面团放在操作台上，用刮板将面团分成4等份，再收

口、滚圆。

9 将面团按扁，放上黑巧克力块，再收口、搓圆，即成黑巧面包坯。

10 取烤盘，铺上油纸，放上黑巧面包坯，放入已预热至30℃的烤箱中层，静置发酵约30分钟。

11 取出面团，筛上一层高筋面粉。

12 用刀片割上"十"字刀，放入已预热至170℃的烤箱中层，烘烤约15分钟即可。

燕麦白巧面包

🕐 烘焙：18分钟　🍲 难易度：★★☆

📖 材料

高筋面粉105克，全麦面粉45克，奶粉5克，细砂糖5克，盐2克，酵母粉3克，冰水105毫升，无盐黄油15克，白巧克力块20克，蛋白37克，燕麦片30克

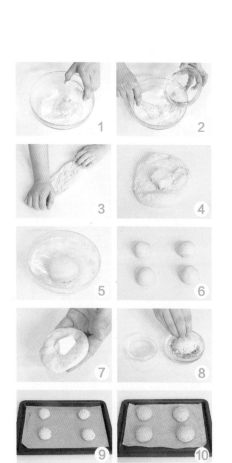

👨‍🍳 做法

1 将高筋面粉、全麦面粉、奶粉、酵母粉、细砂糖、盐倒入碗中，用手动搅拌器搅拌均匀。

2 倒入冰水，用橡皮刮刀翻拌均匀，再用手揉成团。

3 取出面团放在操作台上，反复揉扯，再卷起。

4 放上无盐黄油，收口、揉匀，甩打几次，再次收口，将其揉成纯滑的面团。

5 将面团放回至大玻璃碗中，封上保鲜膜，静置发酵约30分钟。

6 撕开保鲜膜，取出面团，用刮板分成4等份，再收口、搓圆。

7 将面团稍稍擀扁，放上白巧克力，收口、捏紧，再搓圆。

8 将搓圆的面团沾裹上蛋白，再沾裹上燕麦片，制成面包坯。

9 取烤盘铺上油纸，放上面包坯，再放入已预热至30℃的烤箱中层，静置发酵约30分钟。

10 再将烤盘放入已预热至180℃的烤箱中层，烘烤约18分钟即可。

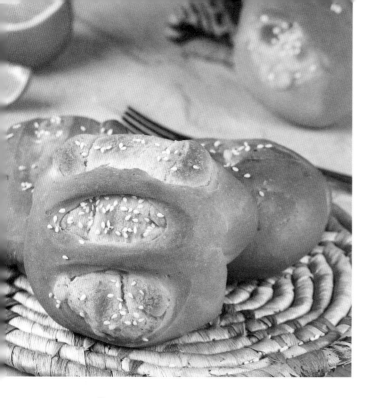

芋泥面包

⏱ 烘焙：18～20分钟　🍲 难易度：★★☆

材料

中种：牛奶125毫升，高筋面粉200克，酵母粉3克；**主面团**：高筋面粉70克，低筋面粉30克，鸡蛋1个，细砂糖20克，盐1克，牛奶12毫升，无盐黄油15克；**馅料**：芋泥（装入裱花袋中备用）100克；**表面装饰**：蛋液适量，熟白芝麻适量

做法

1　把中种材料拌匀，揉成为光滑面团，放入盆中，盖上保鲜膜，发酵90分钟成中种面团。

2　将主面团材料中的粉类（除盐外）放入大盆中，搅匀；再打入鸡蛋，倒入牛奶，加入中种面团，拌匀，并揉成不黏手的面团。

3　加入无盐黄油和盐，揉匀，将面团揉圆，放入盆中，包上保鲜膜，进行基本发酵约15分钟。

4　取出面团，分成4等份并揉圆，喷水松弛。

5　分别把面团稍压扁，挤入芋泥，并收口捏紧，然后压成椭圆形，卷起。

6　在面团表面划3刀，发酵40分钟。

7　在面团表面刷上蛋液，撒上熟白芝麻。

8　入烤箱以上火175℃、下火170℃烤18～20分钟。

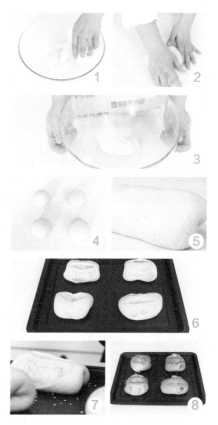

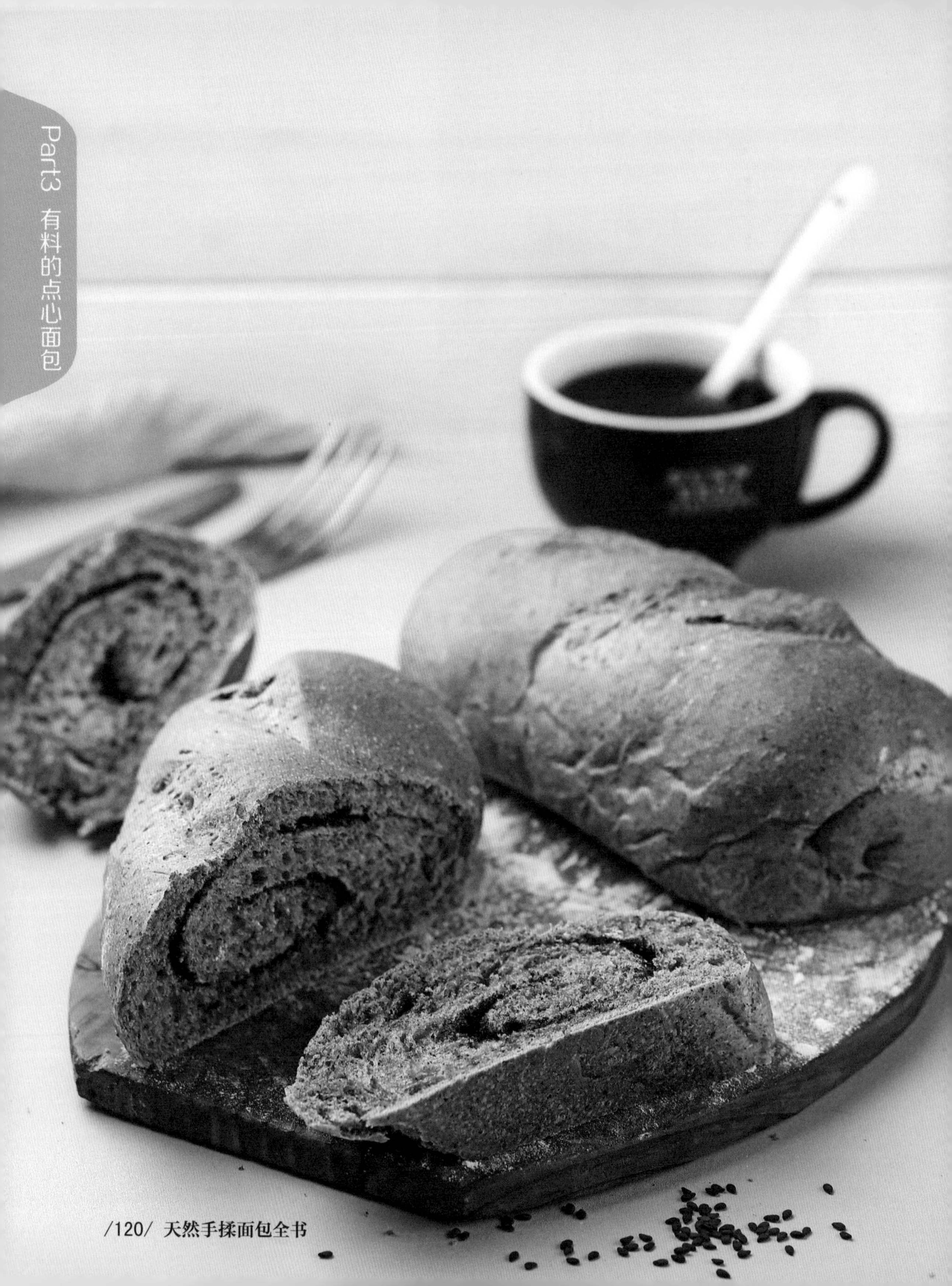

芝麻杂粮面包

🕐 烘焙：20分钟　🍲 难易度：★★☆

🔖 材料

面团：高筋面粉250克，细砂糖37克，清水100毫升，牛奶25毫升，鸡蛋25克，酵母粉3克，盐3克，黑芝麻粉25克，无盐黄油25克；**内馅：**糖粉20克，黑芝麻粉20克

👨‍🍳 做法

1 将高筋面粉、黑芝麻粉、酵母粉、细砂糖、盐拌匀。

2 倒入鸡蛋、清水、牛奶，翻拌成无干粉的团。

3 取出面团，放在操作台上，反复揉搓，再卷起、按扁。

4 放上无盐黄油，反复揉扯至无盐黄油与面团混合均匀。

5 将面团甩打至起筋，搓圆。

6 将面团放入大玻璃碗中，封上保鲜膜，发酵15分钟。

7 将黑芝麻粉、糖粉装碗混合均匀，制成内馅。

8 取出面团，用刮板分成两等份，再收口、搓圆。

9 将面团擀成长片，放上薄薄的一层内馅，卷成卷，制成面包坯。

10 取烤盘，铺上油纸，放上面包坯，包上保鲜膜，放入已预热至30℃的烤箱中发酵30分钟。

11 用刀在生坯上划几道口子。

12 将烤盘放入已预热至170℃的烤箱中烤20分钟即可。

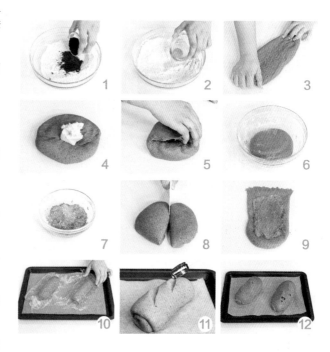

> **烘焙妙招**
> 　揉面团时力道要均匀，慢慢地将面团往外伸展开来。

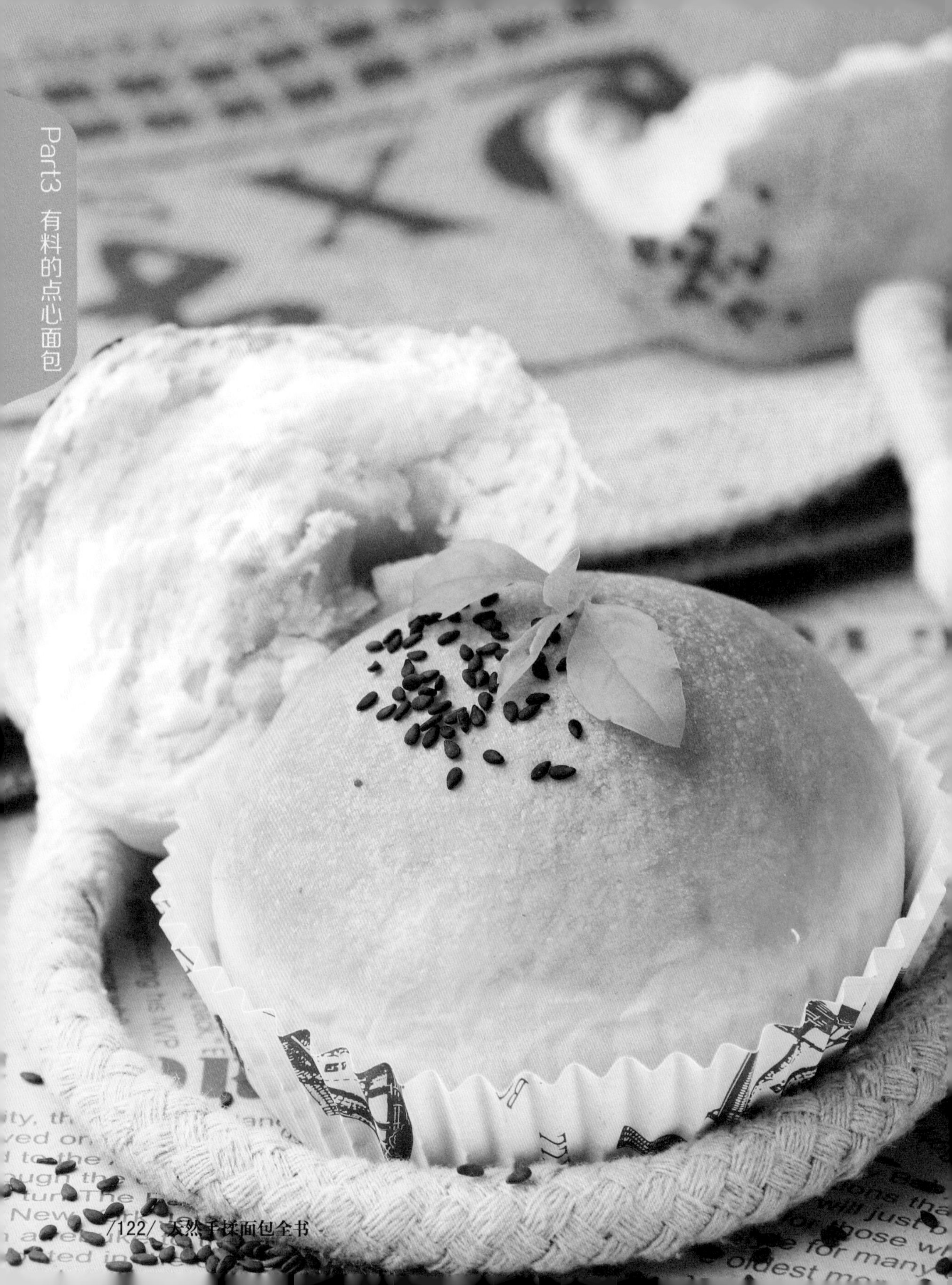

黑芝麻红薯包

⏱ 烘焙：10分钟　🍲 难易度：★★☆

🧾 材料

高筋面粉450克，水400毫升，细砂糖30克，黄油20克，熟红薯泥80克，黑芝麻适量

👨‍🍳 做法

1　往50克高筋面粉中加70毫升水揉成面糊A。

2　取50克高筋面粉用刮板开窝，加50毫升水揉成面糊B，加一半面糊A揉成面糊C，静置24小时。

3　按揉面糊B的做法揉面糊D，加一半面糊C混匀，揉成面糊E，静置24小时。

4　取100克高筋面粉加170毫升水揉成面糊F，加一半面糊E揉匀，保鲜膜封好静置10小时，制成天然酵母面团。

5　剩余高筋面粉加水、细砂糖、黄油，揉成面团。

6　将面团和天然酵母面团混匀，分数等份搓圆。

7　将熟红薯泥包入，收口、搓圆，制成生坯。

8　生坯粘上黑芝麻，入面包纸杯发酵。

9　放入烤箱以上、下火190℃烤10分钟。

10　取出烤好的面包即可。

烘焙妙招

　　红薯事先煮熟，可以节省烘烤时间，还避免面包烤焦。

可可奶油卷心面包

🕐 烘焙：15分钟　🍲 难易度：★★☆

📖 材料

高筋面粉100克，低筋面粉25克，巧克力豆20克，鸡蛋液25克，牛奶25毫升，无盐黄油23克，酵母粉2克，奶粉5克，细砂糖15克，盐2克，可可粉5克，清水65毫升，已熔化的巧克力适量，防潮糖粉少许

👨‍🍳 做法

1　将高筋面粉、低筋面粉、酵母粉、奶粉、盐、细砂糖、可可粉倒入大玻璃碗中，搅拌均匀。

2　将鸡蛋液加入碗中，再将牛奶、清水倒入碗中，用橡皮刮刀翻压几下，揉成团。

3　取出面团，放在干净的操作台上，反复揉扯拉长，再卷起，搓圆、按扁。

4　放上无盐黄油，揉成纯滑的面团。

5　将面团放回大玻璃碗中，封上保鲜膜，静置发酵约30分钟。

6　取出面团，分成4等份，再收口、搓圆。

7　将面团揉搓成圆锥形，再从大头的一端开始将面团擀薄、擀长成面皮。

8　放上巧克力豆，再从一头卷起，制成面包坯。

9　取烤盘，铺上油纸，放上面包坯，放入已预热至30℃的烤箱中发酵30分钟，再放入已预热至170℃的烤箱中层，烘烤约15分钟。

10　取出面包，将已熔化的巧克力装入裱花袋，再横向来回挤在面包上，筛上防潮糖粉即可。

日式红豆麻薯面包

⏲ 烘焙：15分钟　　🍲 难易度：★★☆

🥛材料

面团：高筋面粉115克，低筋面粉35克，鸡蛋液15克，汤种面团50克，抹茶粉10克，牛奶50毫升，奶粉15克，酵母粉3克，细砂糖20克，盐2克，无盐黄油15克，清水20毫升；**内馅**：红豆泥40克，麻薯40克；**装饰材料**：白芝麻适量，牛奶少许

👨‍🍳做法

1 将牛奶、酵母粉装入小玻璃碗中，用手动搅拌器搅拌均匀，制成酵母液。

2 将高筋面粉、抹茶粉、奶粉、低筋面粉、细砂糖倒入大玻璃碗中，用手动搅拌器搅拌均匀。

3 倒入盐，放入酵母液、鸡蛋液、清水，用手揉成团，放入汤种，揉至混合均匀。

4 取出面团，放在干净的操作台上，将其反复揉扯拉长，再卷起，稍稍搓圆、按扁。

5 放上无盐黄油，揉匀，再将其揉成纯滑的面团。

6 将面团放回至大玻璃碗中，封上保鲜膜，静置发酵约30分钟。

7 撕开保鲜膜，取出面团，分成4等份，搓圆。

8 将面团按扁，放上红豆泥、麻薯，再收口、滚圆，制成面包坯。

9 取烤盘，铺上油纸，放上面包坯，放入已预热至30℃的烤箱中层，发酵约30分钟，取出。

10 刷上牛奶，撒上白芝麻，放入已预热至165℃的烤箱中层，烘烤约15分钟即可。

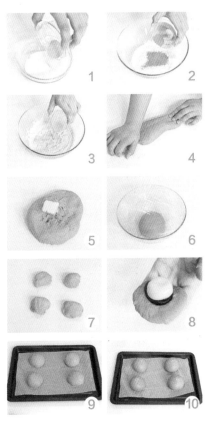

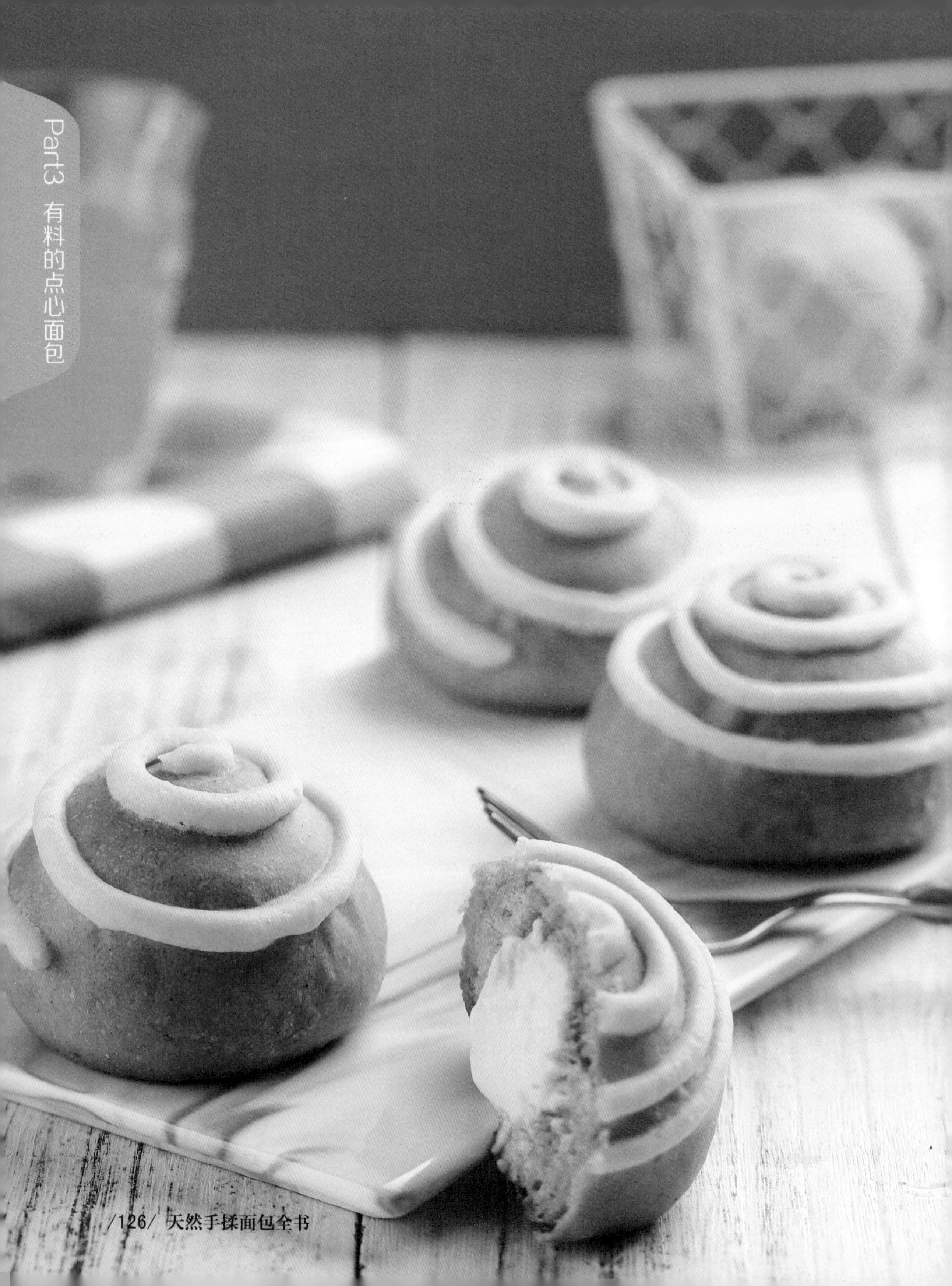

抹茶奶心面包

⏱ 烘焙：15分钟　📦 难易度：★★★

🥫 材 料

面团：高筋面粉140克，低筋面粉35克，鸡蛋液15克，抹茶粉10克，牛奶50毫升，奶粉15克，酵母3克，细砂糖20克，盐2克，无盐黄油15克，清水20毫升；**卡仕达酱**：卡仕达粉35克，牛奶140毫升，淡奶油180克，细砂糖10克；**表面装饰**：清水90毫升，无盐黄油45克，低筋面粉60克，鸡蛋（2个）105克

👨‍🍳 做 法

1 将牛奶、酵母装入小玻璃碗中，用手动搅拌器搅拌均匀，制成酵母液。

2 将高筋面粉、抹茶粉、奶粉、低筋面粉、细砂糖倒入大玻璃碗中拌匀。

3 倒入盐，放入酵母液、鸡蛋液、清水，用橡皮刮刀翻压几下，再用手揉成团，揉至均匀。

4 取出面团，放在干净的操作台上，将其反复揉扯拉长，再卷起，稍稍搓圆、按扁。

5 放上无盐黄油，收口、揉匀，再将其揉成纯滑的面团。

6 将面团放回大玻璃碗中，封上保鲜膜，静置发酵约30分钟。

7 撕开保鲜膜，取出面团，用刮板分成4等份，再收口、搓圆，盖上保鲜膜，松弛发酵约10分钟。

8 平底锅中倒入清水，煮沸，放入无盐黄油，拌至溶化，筛入低筋面粉，拌匀成团。

9 放入干净的大玻璃碗中，分次放入鸡蛋液，搅拌均匀，制成装饰材料，装入套有圆形裱花嘴的裱花袋里。

10 将面团放在铺有油纸的烤盘上，再以画圈的方式挤上装饰材料，放入已预热至165℃的烤箱中层，烤15分钟。

11 将卡仕达粉、牛奶倒入干净的玻璃碗中拌匀，放入淡奶油、细砂糖，用电动搅拌器搅打均匀，制成卡仕达酱。

12 取出烤好的面包，用剪刀在其底部剪一个"十"字刀口，再挤入卡仕达酱即可。

红豆面包

⏱ 烘焙：12～15分钟　🍲 难易度：★★☆

🥣 材料

面包体： 高筋面粉88克，低筋面粉37克，细砂糖20克，速发酵母粉2克，水40毫升，牛奶10毫升，鸡蛋50克，无盐黄油15克，盐1克；**内馅：** 豆沙馅80克；**表面装饰：** 罐装红豆适量，蛋液少许

👨‍🍳 做法

1　筛好的高筋面粉、低筋面粉放入大碗中。

2　加入细砂糖、速发酵母粉，搅拌均匀后加入水。

3　加入牛奶和鸡蛋，用橡皮刮刀搅拌成团。

4　加入无盐黄油和盐，包起来继续揉至面团充分吸收无盐黄油和盐。

5　把面团揉成一个圆球，放入盆中，包上保鲜膜松弛约25分钟。

6　将松弛好的面团用刮板分成4等份，搓圆。

7　将面团压扁，中间放上豆沙馅，收口捏紧，搓圆。

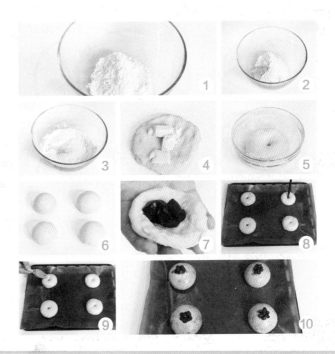

8　盖上湿布发酵45分钟，用筷子在顶部轻压。

9　刷上少许蛋液。

10　放入烤箱以上火170℃、下火150℃烤12～15分钟即可。

> **烘焙妙招**
> 　在面团表面戳洞可以方便放上红豆粒，可增加口感。

卡仕达柔软面包

⏱ 烘焙：15分钟　　📦 难易度：★ ★ ★

🫙 材 料

面团：高筋面粉250克，盐5克，细砂糖15克，酵母粉3克，原味酸奶25克，牛奶25毫升，水150毫升，无盐黄油15克；**卡仕达馅**：牛奶90毫升，无盐黄油12克，细砂糖60克，蛋黄50克，低筋面粉21克，芝士片3片

👨‍🍳 做 法

1 将高筋面粉、盐、细砂糖、酵母粉搅拌均匀。

2 倒入水、牛奶、原味酸奶，搅拌均匀。

3 加入无盐黄油，再用手将材料揉成面团，揉至面团起筋后，将其放入搅拌盆中，用保鲜膜封好，发酵15分钟。

4 将牛奶、无盐黄油、35克细砂糖混合，加热至90℃关火，冷却备用。

5 将蛋黄倒入碗中，加入25克细砂糖、低筋面粉后搅匀。

6 分多次加入奶油混合液、芝士片，一起倒入锅中，煮至黏稠状，待凉后装入裱花袋中。

7 取出面团分成4个等量的面团，并揉至光滑，用保鲜膜包好，松弛15分钟。

8 取出松弛后的面团，稍微擀平，挤入裱花袋中的内馅，揉成光滑的圆面团，发酵50分钟。最后放入烤箱以180℃烤约15分钟即可。

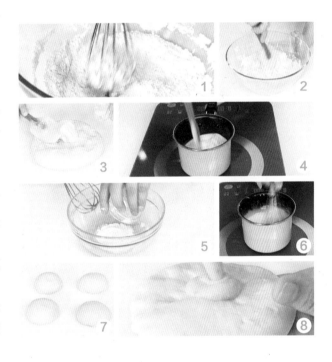

烘焙妙招

　　把黄油提前从冰箱取出，室温软化至手指可轻压出痕迹后再使用。

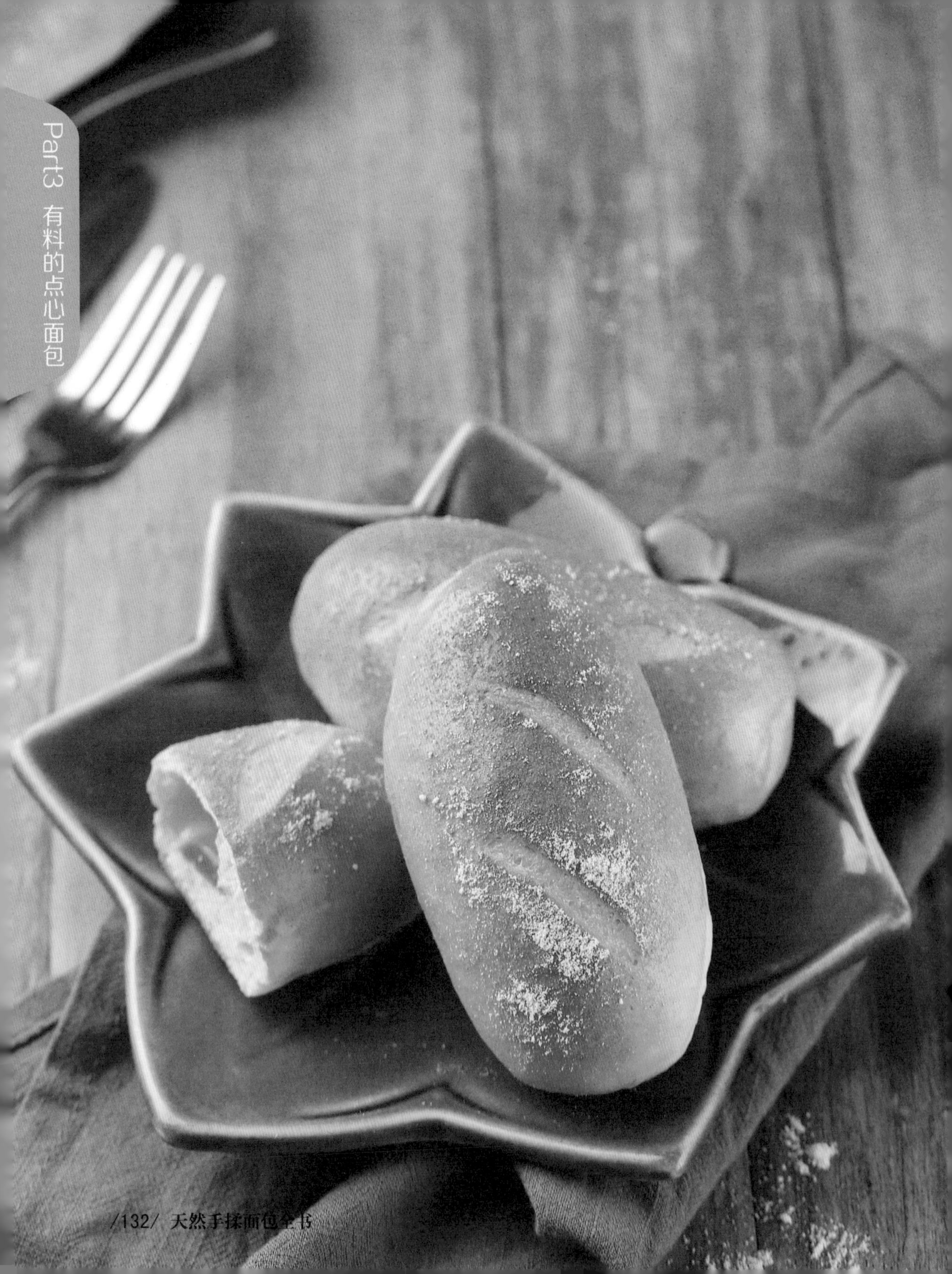

黄金芝士面包

⏱ 烘焙：15分钟　🍲 难易度：★★☆

🍯 材 料

高筋面粉190克，低筋面粉55克，火腿（切条）1根，芝士
（切小块）1片，鸡蛋液30克，牛奶100毫升，奶粉15克，
细砂糖30克，无盐黄油30克，盐3克，酵母粉4克，鸡蛋液少
许，芝士粉少许

👨‍🍳 做 法

1　将高筋面粉、低筋面粉、奶
　　粉、细砂糖、盐、酵母粉倒
　　入大玻璃碗中，用手动搅拌
　　器搅匀。

2　倒入鸡蛋液、牛奶，用橡皮刮
　　刀翻压几下，再用手揉成团。

3　取出面团，放在干净的操作
　　台上，将其反复揉扯拉长，
　　再卷起，稍稍搓圆、按扁。

4　放上无盐黄油，收口、揉
　　匀，甩打几次，再将其揉成
　　纯滑的面团。

5　将面团放回大玻璃碗中，封上
　　保鲜膜，静置发酵约30分钟。

6　撕开保鲜膜，取出面团，用
　　刮板将其分成4等份，再收
　　口、搓圆。

7　将面团擀成扁长形的面皮，
　　按压一边使其固定。

8　再放上火腿、芝士，提起面
　　皮卷成卷，再收口压紧，制
　　成面包坯。

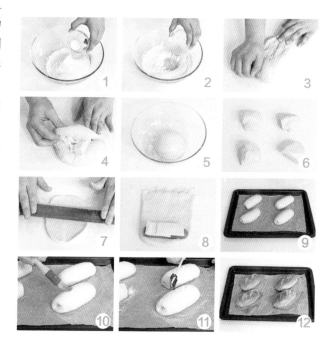

9　取烤盘，铺上油纸，放上面包坯，放入已预热至30℃
　　的烤箱中层，静置发酵约30分钟。

10　取出发酵好的面包坯，刷上一层蛋液，撒上芝士粉。

11　用刀片斜着划上几道浅口。

12　将烤盘放入已预热至175℃的烤箱中层，烘烤约15分钟
　　即可。

芝心番茄面包

⏱ 烘焙：13~15分钟　🍲 难易度：★★☆

🍚 材 料

面包体：高筋面粉140克，细砂糖25克，速发酵母粉2克，奶粉5克，水42毫升，番茄酱35克，鸡蛋15克，无盐黄油10克，盐1克；**内馅**：芝士酱适量；**表面装饰**：蛋液少许，迷迭香草适量

👨‍🍳 做 法

1. 把高筋面粉过筛后放入大盆中，加入细砂糖、奶粉、速发酵母粉，用手动打蛋器搅散。
2. 加入水、鸡蛋和番茄酱，用橡皮刮刀拌匀成团。
3. 取出面团放在操作台上，揉匀。
4. 加入盐和无盐黄油，揉匀至面团表面光滑。
5. 将面团搓圆，包上保鲜膜松弛15~20分钟。
6. 将面团分成5等份，并揉圆。
7. 按压面团呈饼状，包入一勺芝士酱，捏紧收口，搓圆。
8. 准备一个烤模，放上烘焙纸杯，把面团放入纸杯中，盖上湿布发酵约40分钟。
9. 在面团表面刷上蛋液，加上迷迭香草作装饰。
10. 放入预热180℃的烤箱，烤13~15分钟出炉。

> **烘焙妙招**
> 面团放在纸杯上烤可以防黏附，使面包更好脱模。

烘焙妙招

以削皮的姿势让刀锋斜角划入面团中。

牛轧全麦　⏱ 烘焙：20分钟　🍲 难易度：★★☆

🥣 材料

高筋面粉110克，全麦面粉45克，葡萄干12克，牛轧糖2个，奶粉5克，细砂糖18克，盐2克，酵母粉3克，冰水105毫升，无盐黄油18克，表面装饰用高筋面粉少许

👨‍🍳 做法

1 将高筋面粉、全麦面粉、酵母粉、细砂糖、奶粉、盐拌匀。

2 倒入冰水拌匀，揉成团。

3 将面团放在操作台上，放上无盐黄油，揉匀成纯滑面团。

4 将面团按扁，放上葡萄干，收口，揉搓均匀，搓圆。

5 面团封上保鲜膜发酵30分钟。

6 取出面团，分成两等份，搓圆。

7 将面团按扁，放上牛轧糖，收口、搓圆，制成面包坯。

8 取烤盘，铺上油纸，放上面包坯，放入已预热至30℃的烤箱中发酵30分钟，取出。

9 筛高筋面粉，划"十"字刀口。

10 放入已预热至200℃的烤箱中烤20分钟即可。

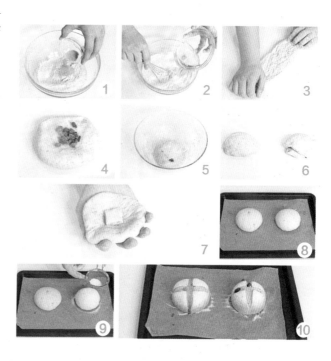

芝味棒

⏱ 烘焙：13~15分钟　🍲 难易度：★★☆

🫙 材 料

面包体：高筋面粉130克，速发酵母粉2克，细砂糖15克，水65克，鸡蛋12克，无盐黄油10克，盐1克；**表面装饰：**马苏里拉芝士碎适量，日式沙拉酱适量，黑芝麻适量

👨‍🍳 做 法

1 准备1个大碗，将筛好的高筋面粉放进去。

2 放入速发酵母粉和细砂糖，用手动打蛋器搅匀。

3 放入水和鸡蛋，用橡皮刮刀搅匀成团。

4 取出面团放在操作台上，用力甩打，一直重复此动作至面团光滑，包入盐和无盐黄油。

5 继续揉面团至面团光滑，揉圆成团，放入盆中盖上保鲜膜松弛20分钟。

6 把面团分割成两等份，将面团用擀面杖擀平拉横，由上向下卷起。

7 放在油布上，盖上湿布发酵50分钟。

8 在面团表面挤上日式沙拉酱，撒上芝士碎和黑芝麻。

9 放入已预热180℃的烤箱中烤13~15分钟。

> **烘焙妙招**
>
> 　　不宜使用冷藏的鸡蛋，否则会使面糊的乳化程度不够。

橙香芝士哈斯

⏱ 烘焙：20分钟　🍲 难易度：★★☆

📖 材料

面团：高筋面粉190克，低筋面粉55克，鸡蛋液30克，牛奶100毫升，奶粉15克，细砂糖30克，无盐黄油30克，盐3克，酵母粉4克；**芝士糊**：芝士60克，细砂糖10克，浓缩橙汁15毫升，橙丁10克

👨‍🍳 做法

1 将高筋面粉、低筋面粉、奶粉、细砂糖、盐、酵母粉倒入大玻璃碗中，用手动搅拌器搅匀。

2 倒入鸡蛋液、牛奶，用橡皮刮刀翻压几下，再用手揉成团。

3 取出面团，放在干净的操作台上，反复揉扯拉长，再卷起，反复甩打几次，将卷起的面团稍稍搓圆、按扁。

4 放上无盐黄油，收口、揉匀，甩打几次，再将其揉成纯滑的面团。

5 将面团放回至大玻璃碗中，封上保鲜膜，静置发酵约30分钟。

6 将芝士装入碗中，用电动搅拌器搅打至光滑，放入细砂糖、浓缩橙汁，搅打均匀。

7 放入橙丁，搅打均匀，制成芝士糊，装入裱花袋里，用剪刀在裱花袋尖端处剪一个小口。

8 取出面团，用刮板分成4等份，搓圆，封上保鲜膜，松

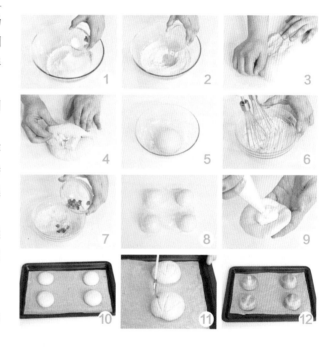

弛发酵10分钟。

9 将面团按扁，挤上芝士糊，再收口、搓圆，放入铺有油纸的烤盘中。

10 将烤盘放入已预热至30℃的烤箱中层，发酵约30分钟，取出。

11 用刀片划上几道口子。

12 将烤盘放入已预热至180℃的烤箱中层，烘烤约20分钟即可。

奶香哈斯

⏱ 烘焙：20分钟　🍲 难易度：★★☆

📖 材料

高筋面粉350克，奶粉20克，蛋黄（2个）38克，牛奶230毫升，酵母粉5克，盐3克，细砂糖45克，无盐黄油35克，蛋黄液适量

👨‍🍳 做法

1 将高筋面粉、奶粉、酵母粉、盐、细砂糖搅拌均匀。

2 倒入蛋黄、牛奶，拌匀成团。

3 取出面团，放在操作台上，反复揉搓、甩打至起筋。

4 将面团卷起，收口朝上，再按扁，放上无盐黄油，反复揉搓均匀成光滑的面团。

5 将面团放回大玻璃碗中，封上保鲜膜，发酵10~15分钟。

6 撕开保鲜膜，用手指戳一下面团的正中间，以面团没有迅速复原为发酵好的状态。

7 取出面团，用刮板分成3等份，收口、搓圆。

8 封上保鲜膜，放入已预热至30℃的烤箱中发酵30分钟。

9 取出面团，擀成圆形面皮。

10 从一边的面皮卷起，卷成纺锤形，再收口、略搓。

11 将面团放在铺有油纸的烤盘上，刷蛋黄液，划上几刀。

12 放入已预热至160℃的烤箱中烤20分钟即可。

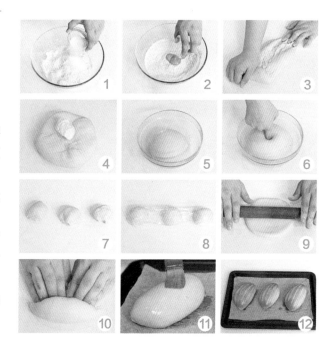

烘焙妙招

添加黄油的时机在揉面时间已过一半的时候。

摩卡面包

🕐 烘焙：12～15分钟　🍲 难易度：★ ☆ ☆

🍳 材料

面包体：高筋面粉100克，细砂糖20克，速发酵母粉1克，牛奶40毫升，鸡蛋25克，无盐黄油25克，盐1克；**内馅**：无盐黄油50克，盐1克；**表皮**：低筋面粉22克，泡打粉1克，速溶咖啡粉1克，糖粉10克，鸡蛋15克，牛奶5毫升，无盐黄油20克

🍳 做 法

1　将筛好的高筋面粉、细砂糖和速发酵母粉搅匀。

2　倒入牛奶和鸡蛋，用橡皮刮刀搅拌成团。

3　把无盐黄油和盐放入面团中，揉至面团光滑。

4　将面团揉成一个圆球。

5　放入碗中，盖上保鲜膜，松弛25分钟。

6　将内馅用的无盐黄油和盐拌匀，装进裱花袋中，把裱花袋的尖端剪去0.5厘米。

7　将表皮用的材料装进碗里，用电动打蛋器搅拌成表皮糊，装进裱花袋中，尖端剪去0.5毫米。

8　把松弛好的面团分成两等份，揉圆。

9　把面团压扁，挤入内馅，收口捏紧，搓圆。

10　放在铺好油纸的烤盘上，发酵后挤上表皮面糊，放入预热至200℃的烤箱烤12～15分钟即可。

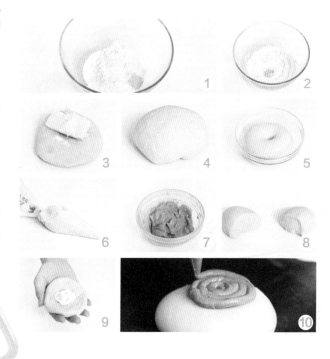

> **烘焙妙招**
> 　　裱花袋的口应该剪0.5毫米左右。

蔓越莓芝士球

⏱ 烘焙：15分钟　🍲 难易度：★★☆

扫一扫学烘焙

📦 材料

面团：高筋面粉250克，酵母粉2克，麦芽糖2克，水172毫升，盐5克，无盐黄油7克，蔓越莓干50克；**馅料**：芝士丁110克

👨‍🍳 做法

1 将面团材料中的粉类（除盐外，需留5~8克高筋面粉）放入大盆中，加入麦芽糖和水，拌匀并揉成团。

2 加入无盐黄油和盐，通过揉和甩打，混匀。

3 包入蔓越莓干，收口捏紧，用刮刀将面团切成4等份，叠加在一起，揉均匀。

4 把面团放入盆中，盖上保鲜膜，发酵20分钟。

5 取出发酵好的面团，分成4等份，并揉圆，表面喷少许水，松弛10~15分钟。

6 分别把面团稍压扁，包入两块芝士丁，收口捏紧，均匀地放在烤盘上，最后发酵55分钟。

7 在面团表面撒上高筋面粉，用剪刀剪出"十"字。

8 放入烤箱以上火240℃、下火220℃烤15分钟即可。

> **烘焙妙招**
>
> 　划刀时划至见芝士即可，不要划太深。

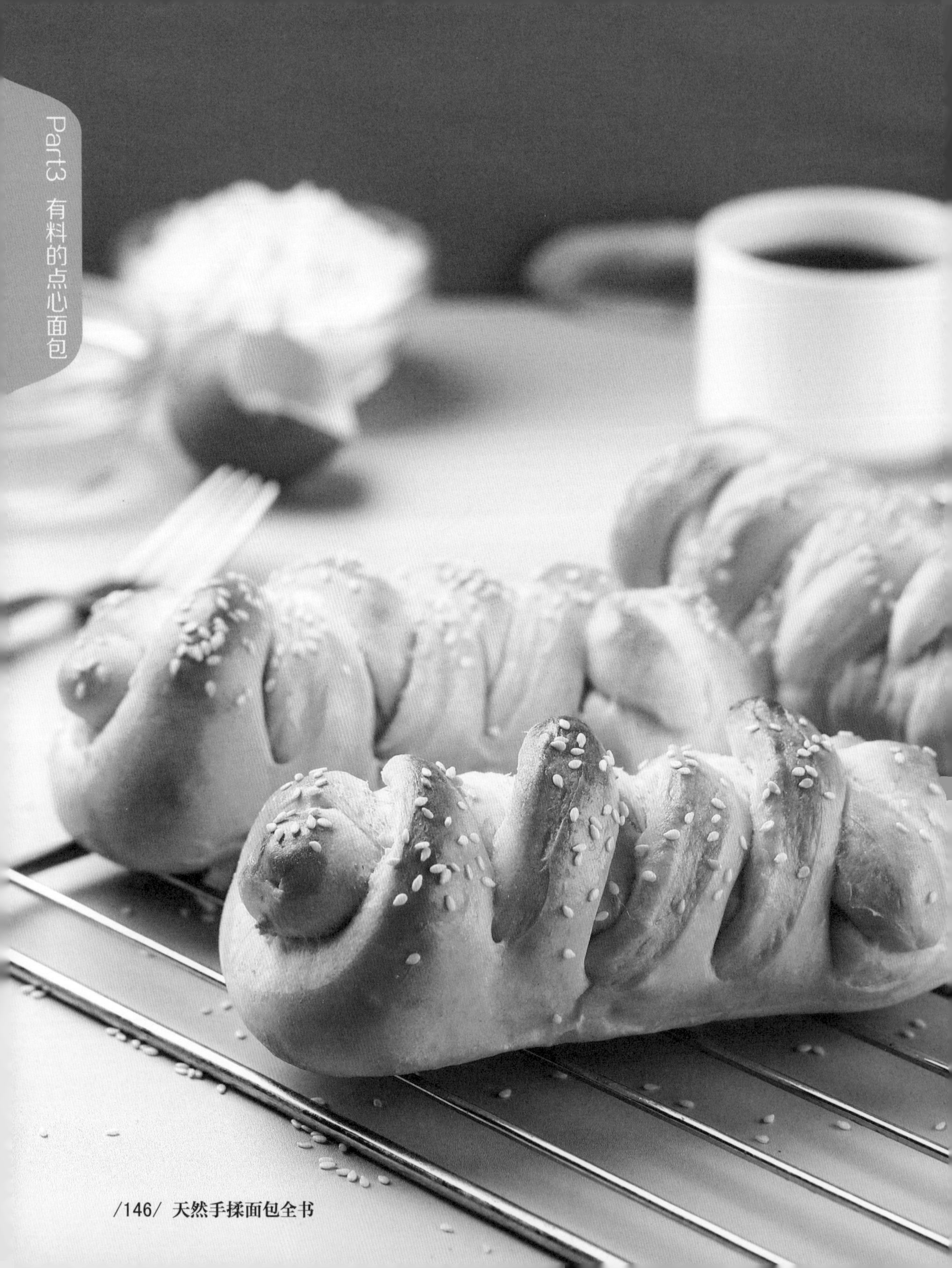

法式土豆面包

⏱ 烘焙：20分钟　　🍲 难易度：★★★

🍶 材 料

高筋面粉280克，低筋面粉50克，细砂糖10克，酵母3克，盐2克，土豆泥80克，清水142毫升，鸡蛋液适量，白芝麻适量

👨‍🍳 做 法

1 将高筋面粉、低筋面粉、细砂糖、酵母、盐倒入大玻璃碗中，用手动搅拌器搅匀。

2 倒入清水，用橡皮刮刀翻拌至无干粉。

3 取出面团，放在操作台上，揉搓均匀，再滚圆成光滑的面团。

4 将面团放回大玻璃碗中，封上保鲜膜，室温环境中静置发酵约40分钟。

5 取出发酵好的面团，用刮板分成4等份，收口、搓圆。

6 取其中一个面团，擀成长方形的面皮，再用刀横切成3块。

7 按压住面皮一边使其固定，放上土豆泥，再收口，卷成条，制成3个土豆面包坯。

8 将剩余3个面团均擀成长方形的面皮，抹上土豆泥，再分别放上土豆面包坯。

9 在面皮两边划上4道切口，将

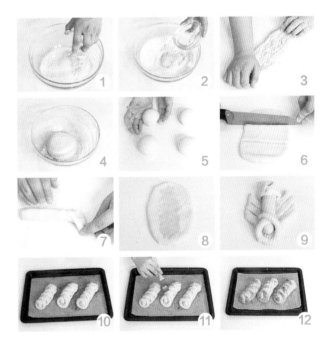

切开的面皮包裹在土豆面包坯上，制成面包坯。

10 取烤盘，铺上油纸，放上面包坯，放入已预热至30℃的烤箱中层，静置发酵约30分钟。

11 取出发酵好的面包坯，刷上鸡蛋液，撒上适量白芝麻。

12 将面包坯放入已预热至180℃的烤箱中烤20分钟即可。

北海道炼乳棒

🕐 烘焙：10分钟　　🍲 难易度：★★☆

📖 材 料

面团：高筋面粉250克，盐5克，细砂糖30克，酵母粉2克，原味酸奶25克，牛奶25毫升，水150毫升，无盐黄油15克；**炼乳馅：**无盐黄油64克，炼奶26克，细砂糖7克，朗姆酒4毫升

👨‍🍳 做 法

1 将面团材料中的所有粉类（除盐外）搅匀。

2 加入原味酸奶、牛奶和水，拌匀。

3 加入无盐黄油和盐，通过揉和甩打，混合成光滑的面团，盖上保鲜膜发酵20分钟。

4 取出面团，分成3等份，揉圆，表面喷水，松弛10～15分钟。把面团擀成长圆形，卷起成圆筒状，压扁，圆筒两端收口捏紧，发酵50分钟。

5 把炼乳馅中的所有材料放入大碗中，打发。

6 取一个裱花袋装上圆齿形裱花嘴，然后把打发好的炼乳馅装入裱花袋中备用。

7 在面团表面斜划3刀，放入烤箱以上火220℃、下火180℃烤约10分钟，取出晾凉。

8 用刀从面包的侧面切开，挤上炼乳馅即可。

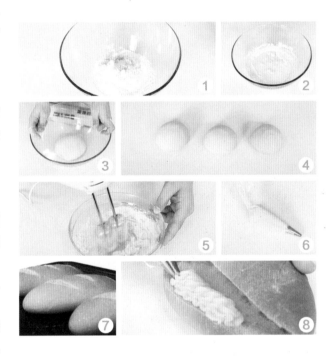

烘焙妙招

　　面包从侧面切时，不要将面包完全切开。

椰丝奶油包

⏱ 烘焙：15分钟　🍲 难易度：★★☆

📦 **材 料**

面团：高筋面粉90克，低筋面粉10克，奶粉4克，细砂糖40克，酵母粉3克，清水14毫升，牛奶20毫升，鸡蛋液14克，无盐黄油20克，盐2克；**装饰**：鸡蛋液适量，无盐黄油50克，椰丝适量，糖浆15克

👨‍🍳 **做 法**

1　将高筋面粉、低筋面粉、奶粉、细砂糖倒入大玻璃碗中，用手动搅拌器搅拌均匀。

2　将酵母粉、清水倒入另一小碗中拌匀，制成酵母水。

3　将酵母水、牛奶、鸡蛋液倒入大玻璃碗中，翻拌成无干粉的面团。

4　取出面团，放在操作台上，反复将其按扁、揉扯拉长，再滚圆。

5　再将面团按扁，放上无盐黄油、盐，揉搓至混合均匀，再滚圆。

6　将面团放回至大玻璃碗中，封上保鲜膜，静置发酵约40分钟。

7　取出面团，用刮板将面团分成3等份，再擀平，卷起收口，制成纺锤形面团。

8　取烤盘，铺上油纸，放上面团，再放入已预热至30℃的烤箱中层，静置发酵约30分钟。

9　取出发酵好的面团，刷上鸡

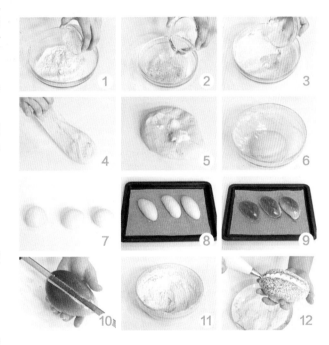

蛋液，再放入已预热至180℃的烤箱中层，烤约15分钟。

10　取出烤好的面包，用齿刀竖着开一道口，底部相连不切断。

11　往装有无盐黄油的碗中倒入糖浆，用电动搅拌器搅打成奶油馅，部分装入套有圆形裱花嘴的裱花袋里。

12　在面包表面刷奶油馅，裹上一层椰丝，再将奶油馅从切口处挤入面包里即可。

巧克力软法

⏱ 烘焙：15分钟　🍲 难易度：★★☆

📋 材料

面团：高筋面粉200克，低筋面粉50克，巧克力豆15克，奶粉5克，可可粉5克，细砂糖15克，盐3克，酵母粉5克，无盐黄油15克，清水150毫升；**奶油馅**：淡奶油250克，细砂糖15克

👨‍🍳 做法

1 将高筋面粉、低筋面粉、奶粉、细砂糖、盐、酵母粉倒入大玻璃碗中，搅拌均匀。

2 倒入可可粉搅匀，倒入清水，用橡皮刮刀翻压几下，再用手揉搓成团。

3 取出面团，放在操作台上，反复揉扯拉长，按扁，放上无盐黄油、巧克力豆，揉搓均匀。

4 将面团封上保鲜膜，发酵40分钟。

5 取出面团，分切成两等份，搓圆后擀平。

6 按压面团的一边使其固定，再从另一边开始以翻压的方式卷起，制成纺锤形面团。

7 取烤盘，铺上油纸，放上面团，再放入已预热至30℃的烤箱中层，静置发酵约30分钟。

8 用刀片划上几道口子，放入已预热至175℃的烤箱中层，烘烤约15分钟，取出。

9 将淡奶油、细砂糖倒入玻璃碗中，用电动搅拌器搅打均匀，装入有圆齿裱花嘴的裱花袋里。

10 用齿刀将烤好的面包对半切开，再往切口中挤入奶油馅即可。

椒盐黑糖面包卷

⏱ 烘焙：13分钟　🍲 难易度：★★☆

📦 材料

中筋面粉330克，细砂糖50克，速发酵母粉3.5克，牛奶90毫升，水35毫升，鸡蛋50克，无盐黄油50克，盐2克，椒盐适量，黑糖适量

👨‍🍳 做法

1. 将水、牛奶、细砂糖、盐、鸡蛋放入盆中搅散，再倒入中筋面粉及速发酵母粉搅拌后，放入无盐黄油揉成团。
2. 将面团倒在操作台上，揉至面团光滑。
3. 将面团的光滑面朝上，从边缘向里折，并揉圆，收口捏紧朝下，盖上保鲜膜松弛35分钟。
4. 将松弛好的面团取出后擀成长圆形的面皮。
5. 用刷子刷上少许熔化好的无盐黄油。
6. 撒上椒盐和黑糖，再紧紧卷起，做成长条状。
7. 用刀切成9等份。
8. 将面团放在油布上，发酵约30分钟。
9. 将面团放入烤箱中层，以180℃的温度烤约13分钟后出炉。

> **烘焙妙招**
>
> 　　糖太多面包会变焦，糖太少面包会变硬。

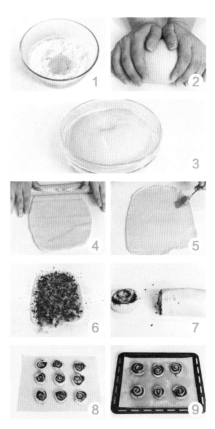

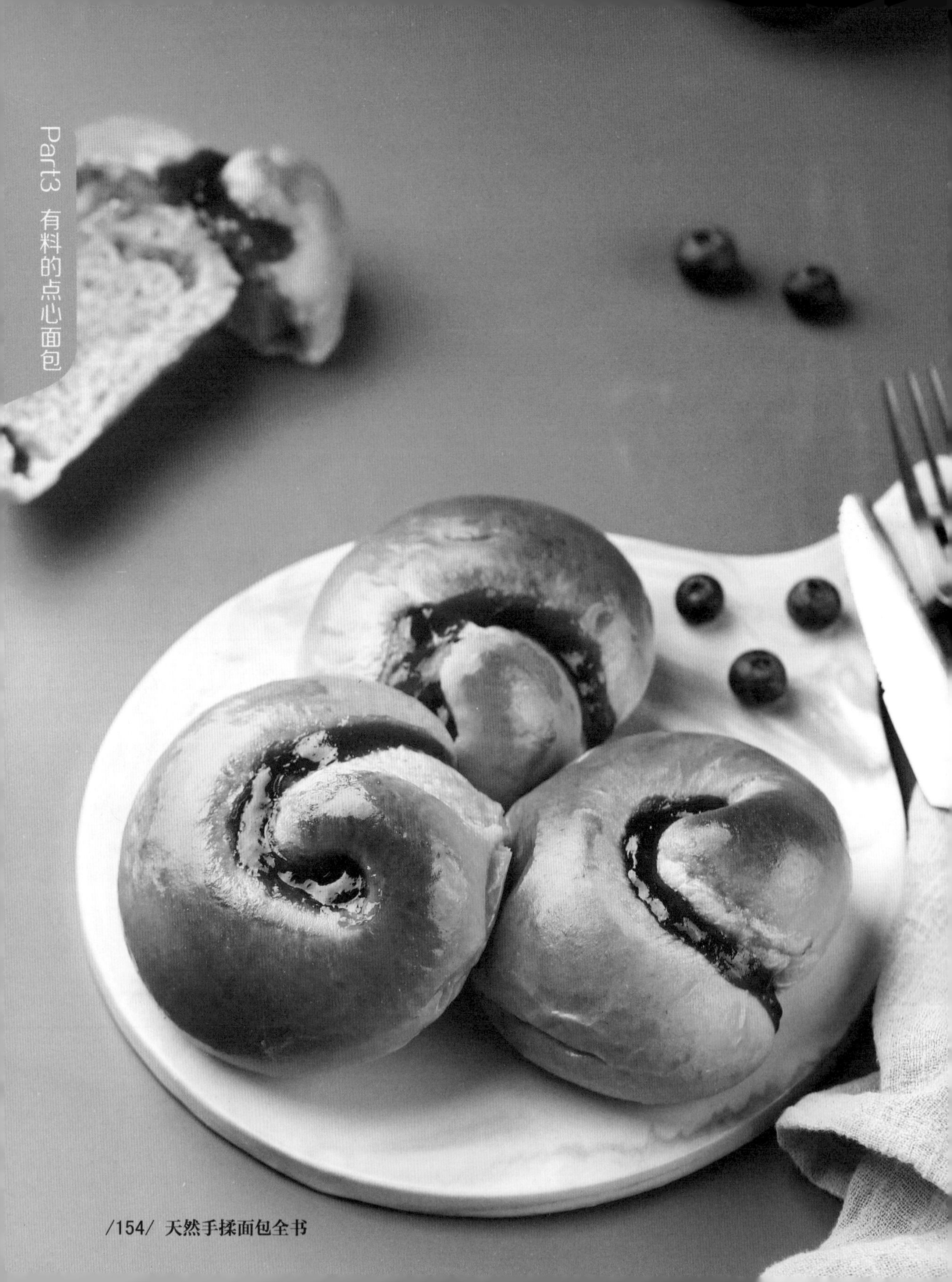

蓝莓贝瑞面包

⏱ 烘焙：15分钟　🍲 难易度：★★☆

🥡 材 料

面团： 高筋面粉250克，蓝莓汁50毫升，牛奶25毫升，细砂糖50克，无盐黄油75克，酵母粉4克，盐3克，清水100毫升；**内馅：** 卡仕达粉45克，牛奶125毫升；**表面材料：** 鸡蛋液少许，蓝莓酱少许

👨‍🍳 做 法

1　将高筋面粉、酵母粉、细砂糖、盐倒入大玻璃碗中，用手动搅拌器搅拌均匀。

2　倒入牛奶、清水、蓝莓汁，用橡皮刮刀翻拌均匀成无干粉的面团。

3　取出面团，放在干净的操作台上，将其反复揉扯拉长、甩打，再揉搓至混合均匀。

4　将面团稍稍按扁，放上无盐黄油，揉至无盐黄油与面团完全混合均匀，再搓圆。

5　将面团放回至大玻璃碗中，封上保鲜膜，静置发酵约40分钟。

6　另取一个玻璃碗，倒入卡仕达粉、牛奶，用手动搅拌器拌匀，制成内馅。

7　撕掉保鲜膜，取出面团，用刮板分切成4等份，再收口、搓圆。

8　用擀面杖将面团擀成长舌形，按压长的一边使其固定，抹上适量内馅。

9　再从面团另一边开始卷起，揉搓成条，盘绕卷起来，制成圆饼状，即成面包坯。

10　取烤盘，铺上油纸，放上面包坯，放入已预热至30℃的烤箱中层，静置发酵约30分钟。

11　取出发酵好的面团，刷上一层鸡蛋液，再挤上蓝莓酱。

12　将烤盘放入已预热至175℃的烤箱中层，烘烤约16分钟即可。

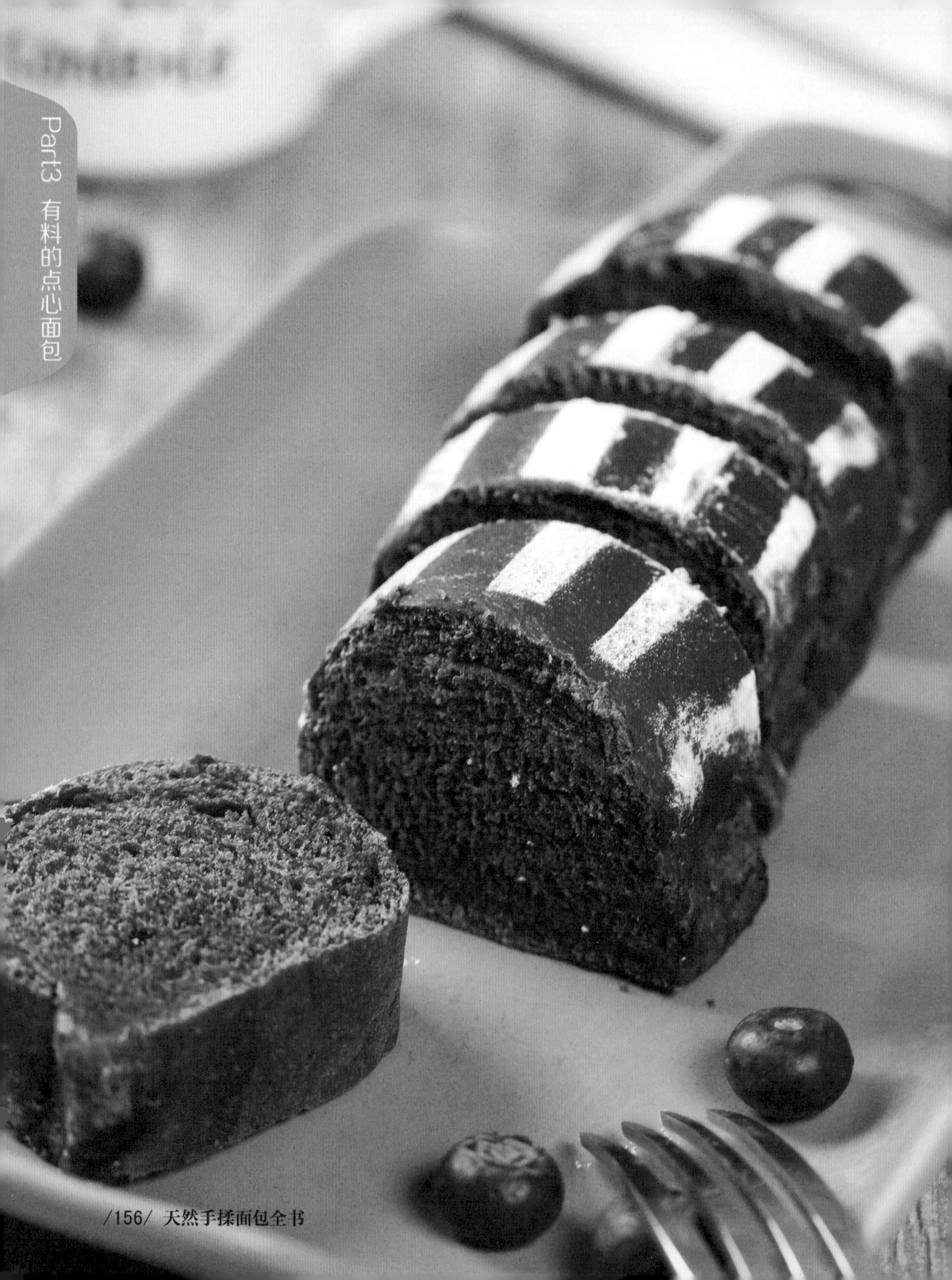

蓝莓方格面包

⏱ 烘焙：18分钟　🍲 难易度：★ ★ ☆

🍳 材 料

高筋面粉250克，可可粉15克，奶粉7克，酵母粉2克，牛奶125毫升，鸡蛋25克，无盐黄油25克，盐2克，糖粉适量，蓝莓果酱适量

👨‍🍳 做 法

1 将高筋面粉、可可粉、奶粉、酵母粉倒入大玻璃碗中，用手动搅拌器搅拌匀。

2 放入鸡蛋，分次加入牛奶，翻拌均匀成无干粉的面团。

3 取出面团，放在操作台上，加入盐和无盐黄油揉均匀。

4 用手抓住面团的一角，将面团用力甩打，一直重复此动作到面团光滑。

5 将面团滚圆，盖上湿布，静置发酵约20分钟。

6 取出面团，将其擀成长圆形，用橡皮刮刀刷上一层蓝莓果酱，卷起，两旁捏紧收口。

7 放入铺了油纸的烤盘中，盖上湿布，发酵45分钟。

8 将发酵好的面团放入预热至180℃的烤箱中烤18分钟。

9 取一张干净的白纸，剪出平行且大小一致的长方形缺口，盖在面包表面，撒上糖粉。

10 去掉白纸，用刀将面包切成5等份即可。

烘焙妙招

　　在面包的表面撒上糖粉，除了可起到装饰作用，还能起到防潮的效果。

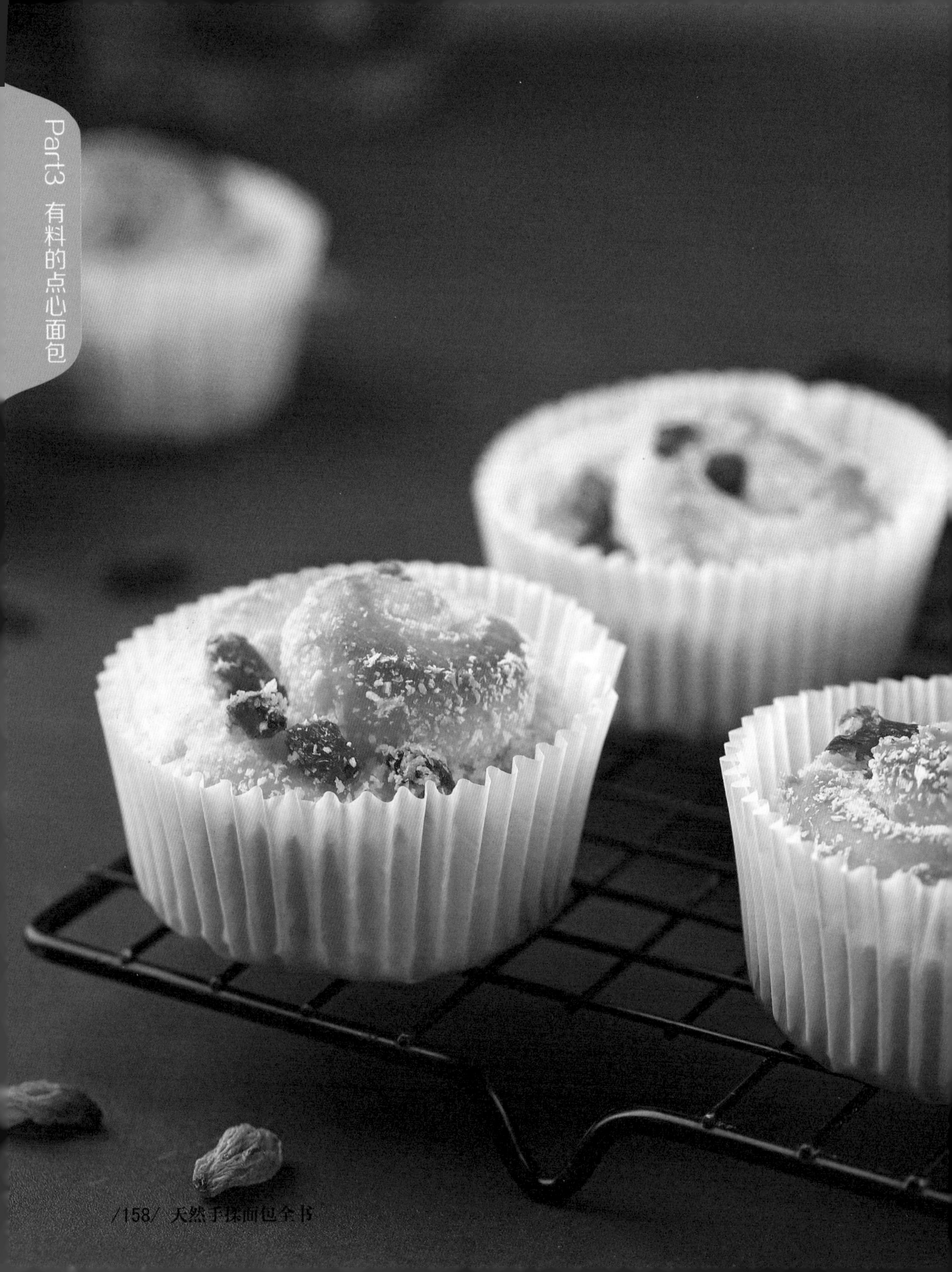

椰香葡萄面包

⏱ 烘焙：16分钟　🍲 难易度：★★☆

📋 材料

高筋面粉190克，低筋面粉55克，鸡蛋液30克，牛奶100毫升，奶粉15克，细砂糖30克，无盐黄油30克，盐3克，酵母粉4克，无盐黄油丁适量，葡萄干适量，椰丝适量

👨‍🍳 做法

1 将高筋面粉、低筋面粉、奶粉、细砂糖、盐、酵母粉倒入大玻璃碗中，用手动搅拌器搅匀。

2 倒入鸡蛋液、牛奶，用橡皮刮刀翻压几下，再用手揉成团。

3 取出面团，放在干净的操作台上，将其反复揉扯拉长，再卷起。

4 反复甩打几次，将卷起的面团稍稍搓圆、按扁。

5 放上无盐黄油，收口、揉匀，甩打几次，再将其揉成纯滑的面团。

6 将面团放回大玻璃碗中，封上保鲜膜，静置发酵约30分钟。

7 撕开保鲜膜，取出面团，用擀面杖擀成方形面皮。

8 用手按压面皮一边使其固定，放上葡萄干、椰丝。

9 提起面皮卷起，收口捏紧，轻轻滚搓几下，用刀切成大小一致的块，即成面包坯。

10 取纸杯蛋糕模具，放上蛋糕纸杯，再在纸杯中放上面包坯。

11 将模具放入已预热至30℃的烤箱中层，发酵约30分钟，取出后放上无盐黄油丁。

12 将面包坯放入已预热至180℃的烤箱中层，烘烤约16分钟即可。

甜甜圈

⏱ 油炸：2分钟　🍳 难易度：★★☆

📋 材料

高筋面粉250克，鸡蛋（1个）55克，奶粉8克，酵母粉7克，细砂糖38克，盐3.5克，无盐黄油25克，高筋面粉（用于沾裹在面包表面）适量，芥花籽油适量，清水100毫升，细砂糖（用于沾裹在面包表面）适量

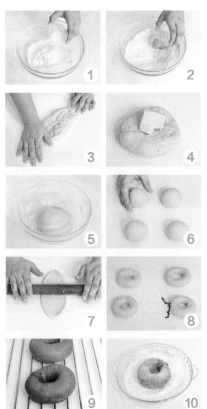

👨‍🍳 做法

1　将高筋面粉、奶粉、酵母粉、细砂糖、盐倒入大玻璃碗中，用手动搅拌器搅打均匀。

2　倒入鸡蛋、清水，翻压成团，用手揉几下。

3　取出面团，放在干净的操作台上，反复揉扯、翻压、甩打，揉搓至光滑。

4　将面团按扁，放上无盐黄油，揉搓至无盐黄油被完全吸收，再甩打几次，将面团搓圆。

5　将面团放回至大玻璃碗中，封上保鲜膜，常温静置发酵10~15分钟。

6　取出面团，用刮板分成4等份，收口、搓圆，再盖上保鲜膜，松弛发酵10分钟。

7　将面团擀成长舌形，从一边开始卷成条。

8　由条形面团的一端开始卷成首尾相连的圈，放在撒有高筋面粉的油纸上，即成甜甜圈坯。

9　锅中倒入适量芥花籽油，用中火加热，放入面包甜甜圈坯，炸至深黄色，捞出沥干油分。

10　沾裹上一层细砂糖，即成面包甜甜圈，装入盘中即可。

红豆面包

⏱ 油炸：2~3分钟　🍲 难易度：★★☆

📋 材料

高筋面粉250克，鸡蛋（1个）55克，奶粉8克，酵母粉7克，细砂糖38克，盐3.5克，无盐黄油25克，红豆粒15克，面包糠适量，芥花籽油适量，清水100毫升

👨‍🍳 做法

1. 将高筋面粉、奶粉、酵母粉、细砂糖、盐倒入大玻璃碗中，用手动搅拌器搅拌均匀。

2. 倒入鸡蛋、清水，用橡皮刮刀翻压成团，再用手揉几下，制成面团。

3. 取出面团，放在干净的操作台上，反复揉扯、翻压、甩打，揉搓至光滑。

4. 将面团按扁，放上无盐黄油，揉搓至无盐黄油被完全吸收，再甩打几次，将面团搓圆。

5. 将面团放回至大玻璃碗中，封上保鲜膜，常温静置发酵10~15分钟。

6. 取出面团，分成3等份，分别将面团擀成长条形，放上红豆粒，卷起、收口、搓成橄榄形。

7. 将面团放在撒有高筋面粉（分量外）的油纸上，盖上保鲜膜，松弛发酵约10分钟。

8. 取出面团，沾裹上面包糠，制作成面包坯。

9. 锅中倒入适量芥花籽油，用中火加热，放入面包坯。

10. 炸至深黄色，捞出，沥干油，装入盘中即可。

炸泡菜面包

🕐 油炸: 2~3分钟　　🍲 难易度: ★★☆

🥣 材料

面团体: 高筋面粉150克, 速发酵母1.5克, 细砂糖10克, 水58毫升, 鸡蛋22克, 无盐黄油10克, 盐1克, 泡菜适量; **表面装饰:** 鸡蛋液适量, 面包糠适量, 食用油适量

👨‍🍳 做 法

1 准备一个大碗, 倒入高筋面粉、细砂糖、速发酵母, 搅拌匀。

2 加入水和鸡蛋, 用橡皮刮刀搅拌匀至成团。

3 取出面团, 放在操作台上, 用手将面团用力甩打, 一直重复此动作到面团光滑。

4 加入无盐黄油和盐, 揉至面团光滑, 盖上湿布静置发酵15~20分钟。

5 取出面团, 分成3等份, 用手把面团揉圆。

6 将面团均压扁, 分别包入适量泡菜, 收口捏紧, 揉圆, 制成面包生坯。

7 在面包生坯表面刷上少许蛋液, 沾上面包糠, 静置发酵约30分钟。

8 锅中倒入食用油, 烧至八成热。

9 放入面包生坯, 慢火炸至金黄色。

10 捞出炸好的面包, 放在网架上晾凉即可。

火腿芝士堡

⏱ 烘焙：15分钟　🍲 难易度：★★☆

🔲 材料

面团：高筋面粉250克，细砂糖25克，酵母粉2克，奶粉7克，全蛋液25克，蛋黄13克，牛奶25毫升，水167毫升，无盐黄油45克，盐4克；**馅料**：火腿4片，芝士4片

扫一扫学烘焙

👨‍🍳 做法

1　将面团材料中的粉类（除盐外）搅匀。

2　加入全蛋液、蛋黄、牛奶和水，拌匀并揉成团。

3　加入无盐黄油和盐，通过揉和甩打，将面团混合均匀。

4　把面团放入盆中，盖上保鲜膜，发酵20分钟。

5　取出发酵好的面团，分成4等份，并揉圆，喷少许水，松弛10～15分钟。

6　分别把面团擀成正方形的薄面片，各包入一片火腿和芝士。

7　面团前后折起，再将左右包起，放在烤盘上最后发酵40分钟，在面团表面斜划三刀。

8　放入烤箱以上火220℃、下火160℃的温度烤15分钟，取出即可。

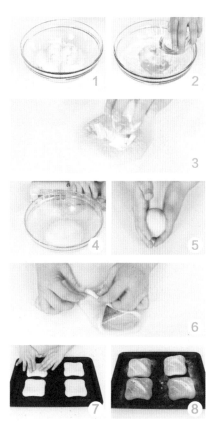

火腿肠面包卷

⏱ 烘焙：20分钟　🍲 难易度：★★☆

📖 材料

高筋面粉306克，低筋面粉56克，细砂糖40克，盐5克，酵母粉7克，清水200毫升，无盐黄油50克，火腿肠（对半切）4根，鸡蛋液适量

👨‍🍳 做法

1　将高筋面粉、低筋面粉、细砂糖、盐、酵母粉搅匀。

2　倒入清水，翻拌几下，再用手揉成无干粉的面团。

3　取出面团，放在操作台上，反复揉搓、甩打至起筋。

4　将面团扯成方形面皮，卷起。

5　将面团按扁，放上无盐黄油，揉至混合均匀，滚圆。

6　将面团放回至大玻璃碗中，封上保鲜膜，发酵15分钟。

7　撕开保鲜膜，用手指戳一下面团的正中间，以面团没有迅速复原为发酵好的状态。

8　取出面团，用刮板将面团分成4等份，收口、搓圆。

9　将面团擀成长舌形，放上火腿肠，再卷起，制成面包卷坯。

10　取烤盘，铺上油纸，放上面包卷坯，入已预热至30℃的烤箱中发酵30分钟，取出。

11　面包卷坯表面刷鸡蛋液。

12　将烤盘放入已预热至160℃的烤箱中层，烤20分钟即可。

烘焙妙招

火腿肠用面团包住卷成芯后再继续往下卷。

罗勒芝士卷

🕐 烘焙：18分钟　🍲 难易度：★★☆

🧂 材料

高筋面粉250克，培根3块，芝士片3片，鸡蛋液25克，细砂糖10克，盐3克，酵母粉4克，罗勒叶碎1克，橄榄油15毫升，清水115毫升，鸡蛋液（用于刷在面团表面）少许

👨‍🍳 做法

1 将高筋面粉、细砂糖、盐、酵母粉、罗勒叶碎搅匀。

2 倒入鸡蛋液、橄榄油、清水，用手揉成团。

3 取出面团，放在操作台上，将其揉扯拉长，再卷起。

4 将卷起的面团稍稍搓圆、按扁，再将其揉成纯滑的面团。

5 将面团放回大玻璃碗中，封上保鲜膜，静置发酵约30分钟。

6 撕开保鲜膜，取出面团，用刮板分切成3等份（每个大约75克），再收口、搓圆。

7 将面团揉搓成圆锥形，再擀薄、擀长成面皮。

8 分别在面皮的底部放上培根块、芝士片，将其卷成卷。

9 对半切开，制成罗勒芝士卷坯。

10 取烤盘，铺上油纸，竖着放上罗勒芝士卷坯。

11 放入已预热至30℃的烤箱中发酵30分钟，刷上鸡蛋液。

12 再将烤盘放入已预热至170℃的烤箱中烤15分钟，转180℃续烤约3分钟即可。

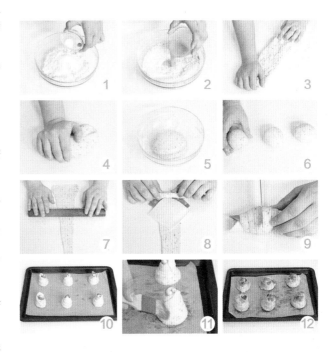

烘焙妙招
　　不要一次就擀成面皮，要来回慢慢延展。

豌豆香培圈

🕐 烘焙：15分钟　🍲 难易度：★★☆

📖 材料

面团：高筋面粉250克，鸡蛋液25克，细砂糖10克，盐3克，酵母粉4克，罗勒叶碎1克，橄榄油15毫升，清水115毫升，培根适量；**表面材料**：豌豆50克，鸡蛋（1个）55克，沙拉50克，鸡蛋液（用于刷在面团表面）少许

👨‍🍳 做法

1 将高筋面粉、细砂糖、盐、酵母粉、罗勒叶碎搅匀。

2 倒入鸡蛋液、橄榄油、清水，用手揉成团。

3 取出面团，放在操作台上，反复揉扯拉长，揉成纯滑面团。

4 将面团放回至大玻璃碗中，封上保鲜膜，发酵30分钟。

5 取出面团，用刮板分切成3等份，再收口、搓圆。

6 将面团擀成长舌形，放上培根，卷成条，由另一端开始盘绕成首尾相连的圈。

7 取出烤盘，铺上油纸，排放上圈形的面团。

8 放入已预热至30℃的烤箱中层，静置发酵约30分钟。

9 将豌豆、鸡蛋一同放入搅拌机搅打成泥，倒入碗中。

10 放入一半的沙拉拌匀，制成豌豆泥糊，装入裱花袋里。

11 在面团上刷鸡蛋液，在表面挤上沙拉和豌豆泥糊。

12 将烤盘放入已预热至170℃的烤箱中烤15分钟即可。

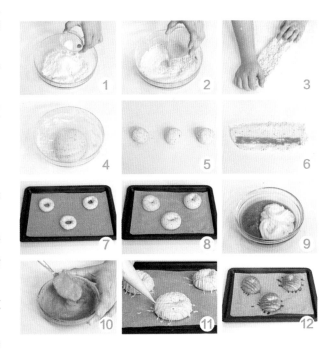

> **烘焙妙招**
> 　　两端重叠的部分大约3厘米厚即可。

滋味肉松卷

⏱ 烘焙：18～20分钟　🍲 难易度：★★★

📖 材料

面团：高筋面粉250克，即食燕麦片50克，酵母粉2克，细砂糖20克，牛奶210毫升，鸡蛋1个，盐1克，无盐黄油30克；**馅料**：肉松100克，芝士碎80克；**表面装饰**：全蛋液适量，香草适量

扫一扫学烘焙

👨‍🍳 做法

1　把面团材料中的粉类和即食燕麦片（除盐外）放入大盆中，搅匀。

2　加入鸡蛋、牛奶，拌匀并揉成团，再把面团取出，放在操作台上，揉匀。

3　加入盐和无盐黄油，揉成一个光滑的面团，放入盆中，盖上保鲜膜，基本发酵15分钟。

4　取出面团，稍压扁，用擀面杖擀成方形。

5　在面团表面撒上芝士碎和肉松。

6　卷起面团成柱状，两端收口捏紧，底部捏合。

7　用刀切成10等份，放在烤盘上发酵40分钟，在面团表面刷一层全蛋液并撒上香草。

8　放入烤箱以上火180℃、下火190℃烤18～20分钟至面包表面呈金黄色即可。

> **烘焙妙招**
>
> 　　若是没有香草，可以用葱花来代替。

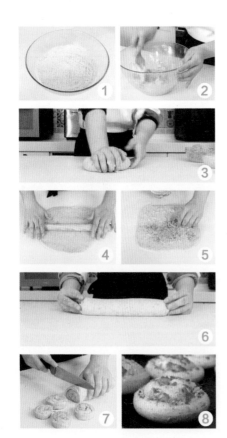

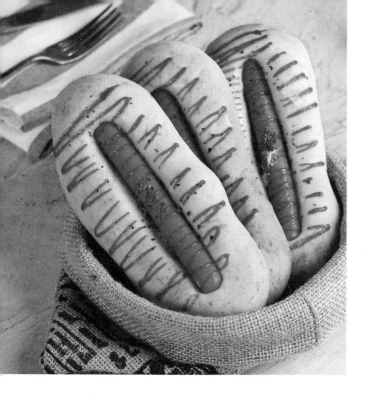

胚芽脆肠面包

⏱ 烘焙：9分钟　🍲 难易度：★★★

🫙 材料

面团： 高筋面粉250克，细砂糖15克，酵母粉2克，浓稠酸奶25克，牛奶25毫升，水150毫升，无盐黄油15克，盐5克，小麦胚芽15克；**其他：** 香肠适量，番茄酱适量，罗勒叶适量

扫一扫学烘焙

👨‍🍳 做法

1. 将面团材料中的粉类（除盐外）放入大盆中，加入浓稠酸奶、牛奶和水，拌匀并揉成团。

2. 加入无盐黄油和盐，通过揉和甩打，将面团慢慢混合均匀，然后包入小麦胚芽，继续揉均匀。

3. 把面团放入盆中，盖上保鲜膜，基本发酵20分钟。

4. 将面团分成4等份揉圆，喷水松弛10~15分钟。

5. 把面团分别用擀面杖擀成长圆形，然后由较长的一边开始卷成圆柱状，再搓成约30厘米的长条。

6. 将一端搓尖，另一端压薄，将尖端放置于压薄处，捏紧收口，放在烤盘上最后发酵45分钟。

7. 分别在面团中间放上香肠，表面挤上番茄酱。

8. 放入烤箱以上火220℃、下火190℃烤约9分钟，取出，在面包表面撒上罗勒叶即可。

烘焙妙招

高筋面粉可过筛后再进行揉制，可使面包口感更细腻。

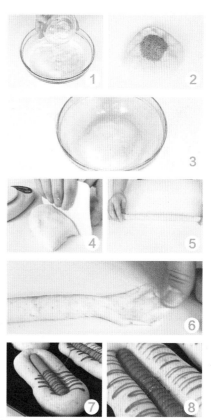

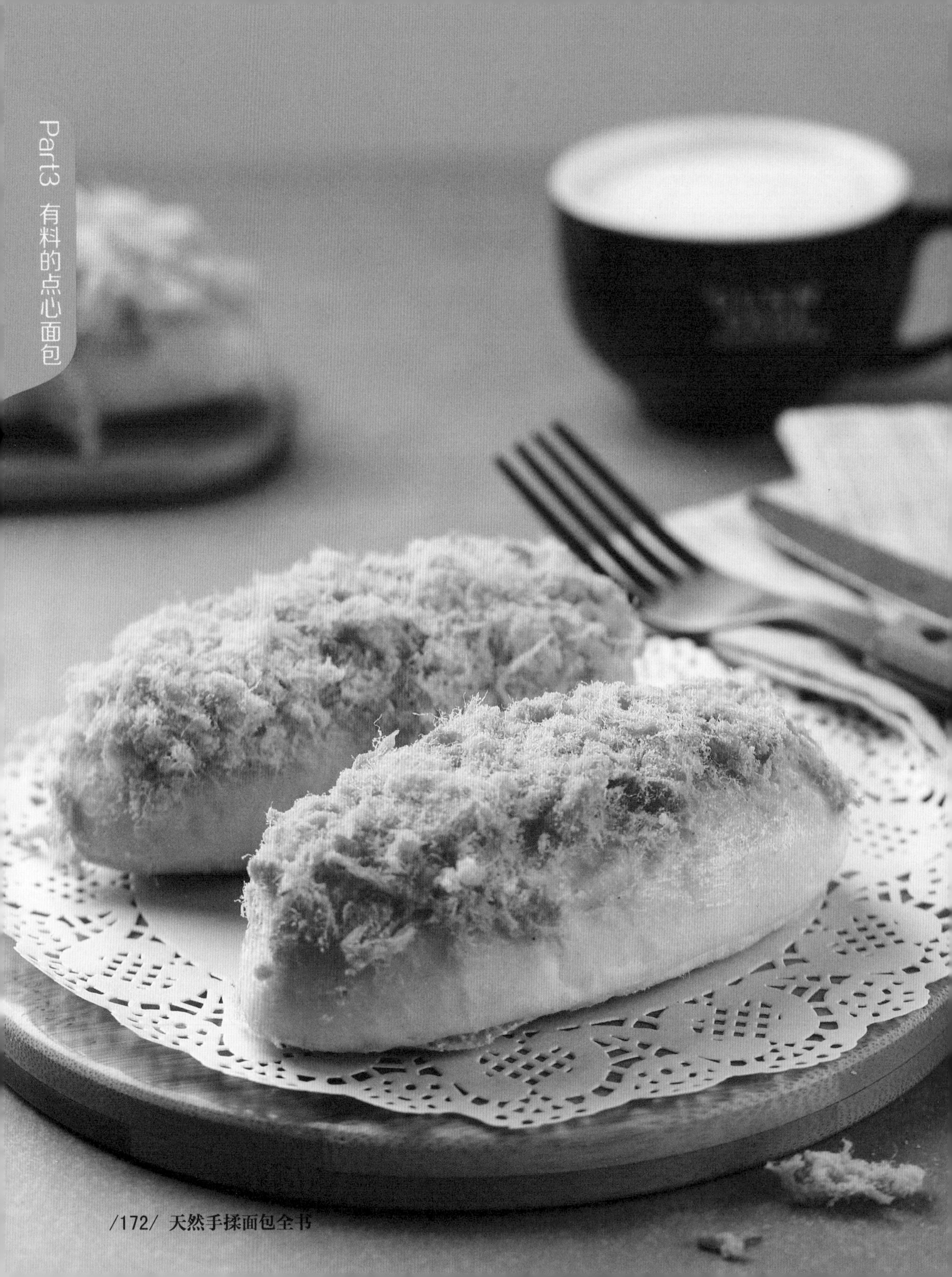

肉松面包

🕐 烘焙：20分钟　📦 难易度：★★☆

📖 材料

高筋面粉564克，酵母粉8克，清水340毫升，肉松50克，沙拉酱少许

👨‍🍳 做法

1　将高筋面粉、酵母粉倒入大玻璃碗中，用手动搅拌器搅匀。

2　倒入清水，揉搓成面团。

3　取出面团，放在操作台上，反复甩打、揉扯至光滑。

4　将面团放回至大玻璃碗中，封上保鲜膜，静置发酵约50分钟。

5　取出面团，用刮板将面团分成4等份，收口、滚圆。

6　将面团擀成椭圆形的薄面皮，按压一边使其固定，从另一边卷起面皮成条状，即成面包坯。

7　取烤盘，铺上油纸，放上面包坯。

8　将烤盘放入已预热至30℃的烤箱中层，静置发酵约20分钟，取出。

9　将烤盘放入已预热至185℃的烤箱中层，烤约20分钟。

10　取出烤好的面包，刷上一层沙拉酱，放上肉松即可。

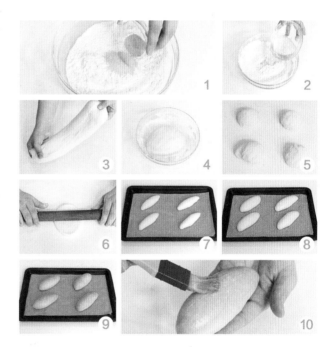

烘焙妙招

　　因为每种粉类材料的吸水速度不一样，为了让材料可以混合均匀，所以要预先将粉类材料拌匀。

金枪鱼面包

⏱ 烘焙：12分钟　　📷 难易度：★★☆

🍞 材 料

面团：高筋面粉200克，酵母粉2克，细砂糖20克，鸡蛋1个，水90毫升，盐2克，无盐黄油20克；**馅料：**金枪鱼罐头1罐，玉米50克，沙拉酱40克，盐适量，黑胡椒适量

👨‍🍳 做 法

1. 将面团材料中的粉类放入大盆中搅匀。

2. 加入鸡蛋和水，拌匀并揉成团。

3. 加入无盐黄油，揉均匀。

4. 把面团放入盆中，包上保鲜膜，基本发酵25分钟。

5. 把馅料中的所有材料放入另一个盆中，拌匀。

6. 取出发酵好的面团，分成5等份，揉圆，表面喷少许水，松弛10～15分钟。

7. 分别把小面团稍擀平，包入适量的馅料，收口捏紧，然后放在烤盘上发酵50分钟。

8. 发酵好后，用剪刀在面团表面剪出"十"字。烤箱以上火185℃、下火180℃预热，将烤盘置于烤箱中层，烤约12分钟，取出即可。

烘焙妙招

　　金枪鱼罐头中有许多汤汁，使用前将汤汁沥干。

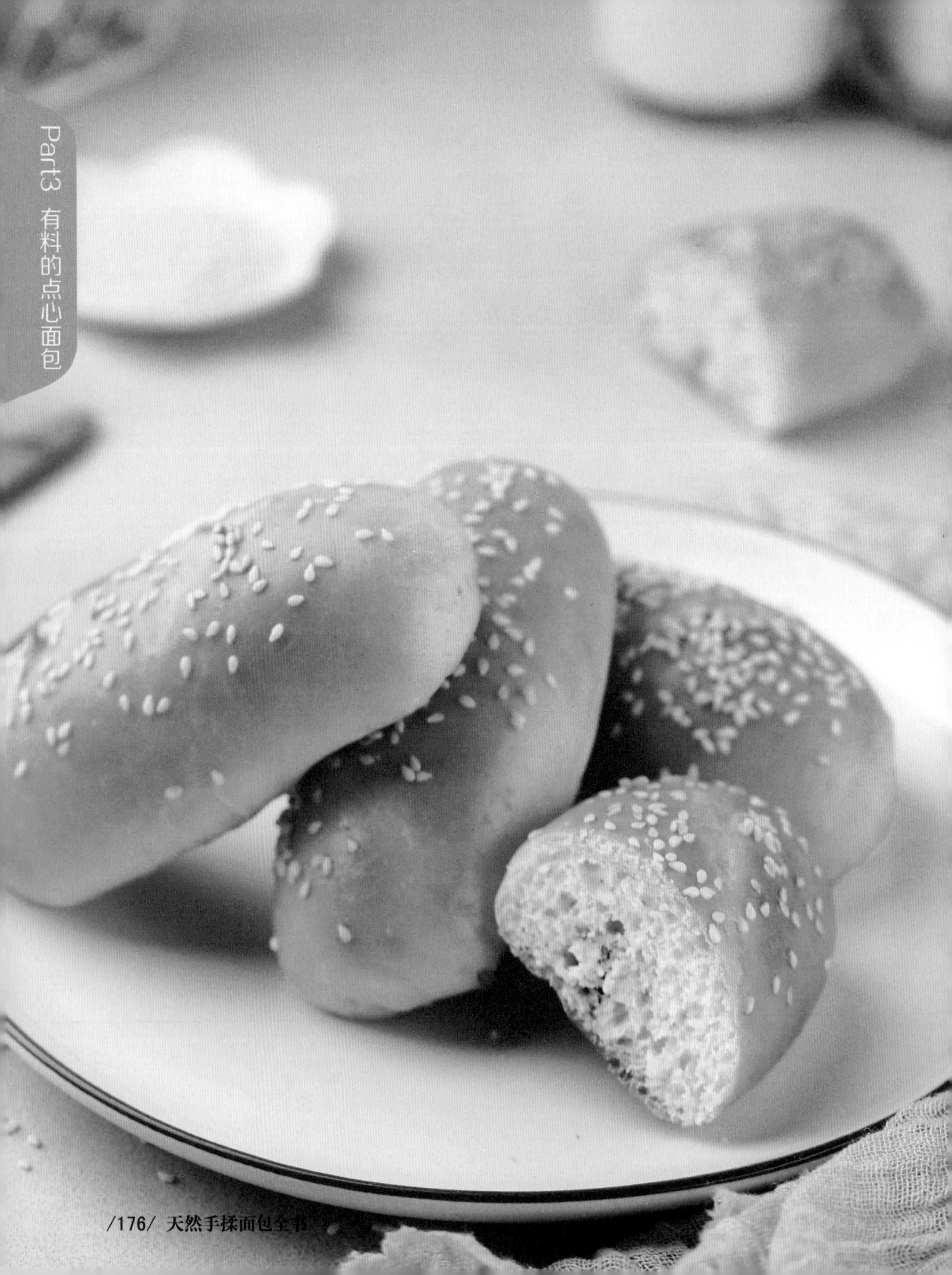

烟熏鸡肉面包

🕐 烘焙：18分钟　　🍲 难易度：★★☆

📋 材料

低筋面粉55克，鸡蛋液30克，牛奶100毫升，奶粉15克，细砂糖30克，无盐黄油30克，盐3克，酵母粉4克，鸡蛋液少许，白芝麻少许，煎过的鸡肉丁25克，葱花适量

👨‍🍳 做法

1. 将低筋面粉、奶粉、细砂糖、盐、酵母粉倒入大玻璃碗中，搅匀。
2. 倒入鸡蛋液、牛奶，揉成团。
3. 取出面团，放在操作台上，反复揉扯拉长，再卷起。
4. 反复甩打几次，将卷起的面团稍稍搓圆、按扁。
5. 放上无盐黄油，收口、揉匀成纯滑的面团。
6. 将面团放回大玻璃碗中，封上保鲜膜，静置发酵约30分钟。
7. 撕开保鲜膜，取出面团，分成4等份，再收口、搓圆。
8. 将面团擀成扁长舌形的面皮，按压一边使其固定。
9. 放上鸡肉丁、葱花，卷起来，收口捏紧，再滚搓几下，制成面包坯放入烤盘。
10. 将烤盘放入已预热至30℃的烤箱中发酵30分钟，取出。
11. 刷上一层鸡蛋液，撒上白芝麻，斜着划上几道口子。
12. 将烤盘放入已预热至180℃的烤箱中烤18分钟即可。

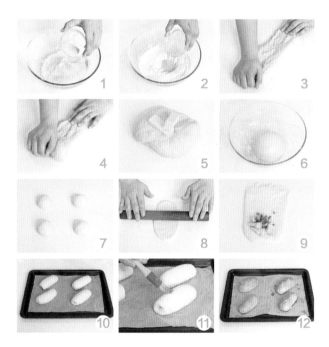

烘焙妙招

　　甩打面团时，每一次都要将面团转90度。

烘焙妙招

　　在烤好的面包上刷一层黄油，可以增加面包的光泽。

咖喱面包　🕐 烘焙：20分钟　🍲 难易度：★★☆

🥣 材料

馅料：咖喱35克，青椒丁15克，胡萝卜丁15克，洋葱丁15克，盐1克，芥花籽油少许；**面团**：高筋面粉150克，豆浆60毫升，枫糖浆15克，酵母粉2克，芥花籽油15毫升，盐2克

👨‍🍳 做法

1　锅中注油烧热，放入青椒丁、胡萝卜丁、洋葱丁翻香。

2　倒入咖喱、1克盐，炒至食材熟软成馅料，盛出。

3　豆浆加酵母粉制成酵母粉豆浆。

4　高筋面粉中加入2克盐、酵母粉豆浆、芥花籽油、枫糖浆。

5　用刮板拌匀成面包面团。

6　取出面团放在操作台上，揉至面团表面光滑。

7　面团盖上保鲜膜，室温发酵30分钟后擀成面皮。

8　用手将面皮压实，紧贴操作台，放入馅料，抹均匀。

9　将面皮卷成圆柱体，斜切几刀，露出内馅，发酵40分钟。

10　放入180℃的烤箱烤熟即可。

咖喱杂菜包

材料

面团: 高筋面粉200克, 细砂糖25克, 酵母粉4克, 鸡蛋1个, 牛奶30毫升, 无盐黄油30克, 盐4克; **其他**: 无盐黄油8克, 杂蔬80克, 日式咖喱酱适量, 盐适量, 胡椒粉适量, 全蛋液适量, 杏仁片适量

做法

1 将8克无盐黄油放锅中加热熔化, 加入杂蔬、日式咖喱酱、盐、胡椒粉, 炒成馅料。

2 把面团材料中的粉类(除盐外)搅匀, 加入鸡蛋、牛奶、无盐黄油和盐, 揉成面团, 发酵片刻。将面团分6等份并揉圆, 包入馅料, 收口捏紧, 发酵后刷上全蛋液, 撒上杏仁片, 放入烤箱烤熟即可。

蔬菜卷

材料

高筋面粉160克, 细砂糖25克, 低筋面粉40克, 无盐黄油25克, 酵母粉4克, 鸡蛋1个, 盐3克, 牛奶75毫升, 蔬菜碎60克, 火腿碎20克, 芝士碎50克, 全蛋液适量

做法

1 把高筋面粉、细砂糖、低筋面粉放入大盆中搅匀, 加入鸡蛋、牛奶、盐和无盐黄油, 揉成光滑面团, 放入盆中, 盖上保鲜膜, 基本发酵约15分钟, 擀成四边形。

2 放入蔬菜碎、火腿碎和芝士碎, 卷起面团, 两边收口捏紧, 切成2厘米厚的小块, 发酵45分钟, 表面刷上全蛋液, 放入烤箱以上火180℃、下火185℃烤20分钟即可。

香葱培根卷面包

⏱ 烘焙：15分钟　🍲 难易度：★★☆

📖 材料

高筋面粉190克，低筋面粉55克，鸡蛋液30克，牛奶100毫升，奶粉15克，葱花3克，培根丁40克，细砂糖30克，无盐黄油30克，盐3克，酵母粉4克，无盐黄油（用于涂抹于模具上）少许，鸡蛋液少许

👨‍🍳 做法

1 将高筋面粉、低筋面粉、奶粉、细砂糖、盐、酵母粉倒入大玻璃碗中，搅拌均匀。

2 倒入鸡蛋液、牛奶，用橡皮刮刀翻压几下，再用手揉成团。

3 取出面团，放在干净的操作台上，将其反复揉扯拉长，再卷起，稍稍搓圆、按扁。

4 放上无盐黄油，收口、揉匀成纯滑的面团。

5 将面团放回至大玻璃碗中，封上保鲜膜，发酵30分钟。

6 撕开保鲜膜，取出面团，用擀面杖擀成方形的薄面皮，用手按压面皮一边使其固定。

7 放上葱花、培根丁，抹匀。

8 提起面皮卷起，收口捏紧。

9 切成块，制成面包坯。

10 取模具，抹上少许无盐黄油，再放上面包坯。

11 将模具放入已预热至30℃的烤箱中发酵30分钟，取出。

12 刷上鸡蛋液，放入已预热至180℃的烤箱中烤15分钟即可。

> **烘焙妙招**
> 　收口一定要捏紧，否则面皮容易散开。

培根菠菜面包球

🕐 烘焙：18分钟　🍲 难易度：★★☆

🍶 材料

面团：高筋面粉220克，低筋面粉30克，鸡蛋1个，牛奶95毫升，无盐黄油20克，细砂糖20克，盐2克，酵母粉3克；**馅料**：菠菜碎50克，培根碎50克，芝士碎80克

扫一扫学烘焙

👨‍🍳 做法

1　把面团材料中的粉类（除盐外）放入大盆中，搅匀，加入鸡蛋和牛奶，拌匀并揉成团。

2　把面团取出，放在操作台上，揉匀。

3　加入盐和无盐黄油，揉成一个光滑的面团。

4　加入培根碎、菠菜碎及一半量的芝士碎，用刮刀将面团切开，将两块面团叠在一起，再切开，将四块面团用手揉匀。

5　把面团放入盆中，盖上保鲜膜，基本发酵20分钟。

6　取出面团，分割成8等份后揉圆，均匀地放在烤盘上，最后发酵30分钟。

7　在面团表面撒上剩下的芝士碎。

8　烤箱以上火200℃、下火190℃预热，将烤盘置于烤箱中层，烤约18分钟即可。

> **烘焙妙招**
>
> 　生坯放置在烤盘上一定要留有间距。

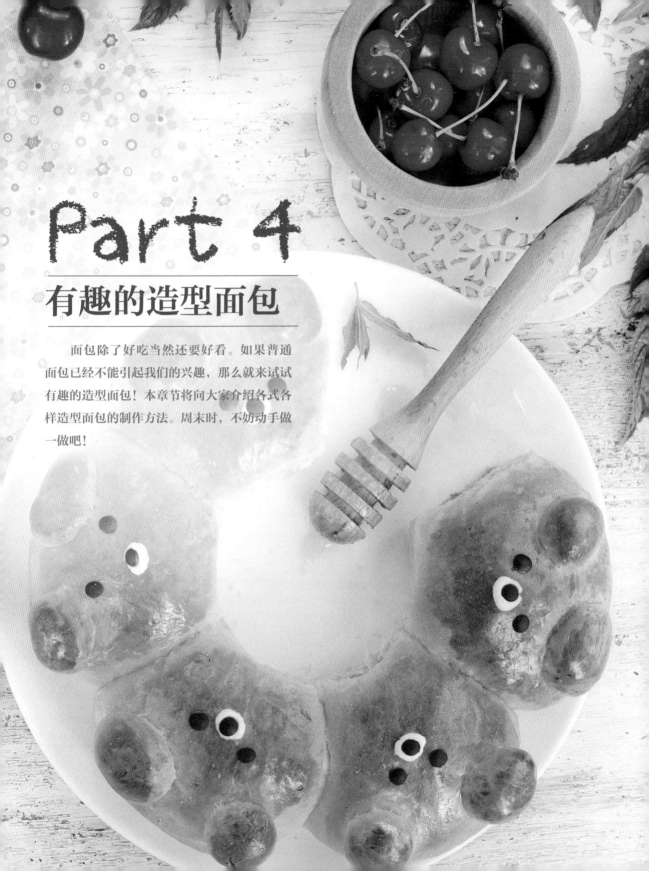

Part 4

有趣的造型面包

面包除了好吃当然还要好看。如果普通面包已经不能引起我们的兴趣，那么就来试试有趣的造型面包！本章节将向大家介绍各式各样造型面包的制作方法。周末时，不妨动手做一做吧！

巧克力熊宝贝餐包

⏱ 烘焙：30分钟　🍲 难易度：★★☆

📦 材 料

面包体： 高筋面粉250克，可可粉7克，细砂糖30克，速发酵母粉3克，牛奶150毫升，盐2克，无盐黄油25克；**表面装饰：** 蛋液少许，黑巧克力笔1支

👨‍🍳 做 法

1 将高筋面粉、可可粉、速发酵母粉、细砂糖放入盆中，用手动打蛋器搅散。

2 分次加入牛奶，揉成面团。

3 加入室温软化的无盐黄油。

4 加入盐，揉搓混合均匀。

5 抓住面团的一角，将面团揉至光滑即可。

6 将面团揉圆放入盆中，喷上水，盖上湿布松弛25分钟。

7 面团切出50克留作小熊耳朵备用，把其余面团分割成9等份，分别揉圆。

8 小面团间隔整齐地放入方形烤模中，面团表面喷些水，盖上湿布，发酵50分钟。

9 把50克面团分成18等份，将耳朵面团黏在每一个小面团上方，刷上少许蛋液。

10 将烤模放进烤箱烤30分钟。

11 取出散热冷却后脱模。

12 用黑巧克力笔挤上眼睛和嘴巴作装饰即完成。

> **烘焙妙招**
>
> 　　面包出烤箱的时候，在桌面上轻震，可以防止面包坍陷。

双色熊面包圈

⏱ 烘焙：20分钟　🍲 难易度：★★★

📋 材 料

可可面团：高筋面粉250克，细砂糖50克，可可粉15克，奶粉7克，速发酵母粉2克，水125毫升，鸡蛋25克，无盐黄油25克，盐2克；**原味面团**：高筋面粉250克，细砂糖50克，奶粉7克，速发酵母粉2克，水125毫升，鸡蛋25克，无盐黄油25克，盐2克；**表面装饰**：黑巧克力笔1支

👨‍🍳 做 法

1　大盆中倒入可可面团材料中的高筋面粉、细砂糖、奶粉、速发酵母粉、可可粉。

2　用手动打蛋器把材料拌匀。

3　加入鸡蛋和水，混合均匀。

4　取出面团反复揉至光滑。

5　加入无盐黄油和盐，揉匀。

6　喷上水，盖湿布静置松弛约30分钟，制成可可面团。

7　用原味面团的材料按可可面团步骤做出面团，分出3个45克和6个8克的小面团搓圆，从可可面团中分出3个45克和6个8克的小面团搓圆，分别作为黑熊和白熊的头部。

8　把45克的黑、白面团揉圆了间隔着放入中空模具中。

9　盖上湿布发酵约60分钟。

10　放上黑熊和白熊的耳朵。

11　放入烤箱以上火190℃、下火175℃烤20分钟，取出脱模。

12　用黑巧克力笔画上小熊的鼻子和眼睛。

烘焙妙招

可将溶化的巧克力液装入裱花袋中，对小熊进行装饰。

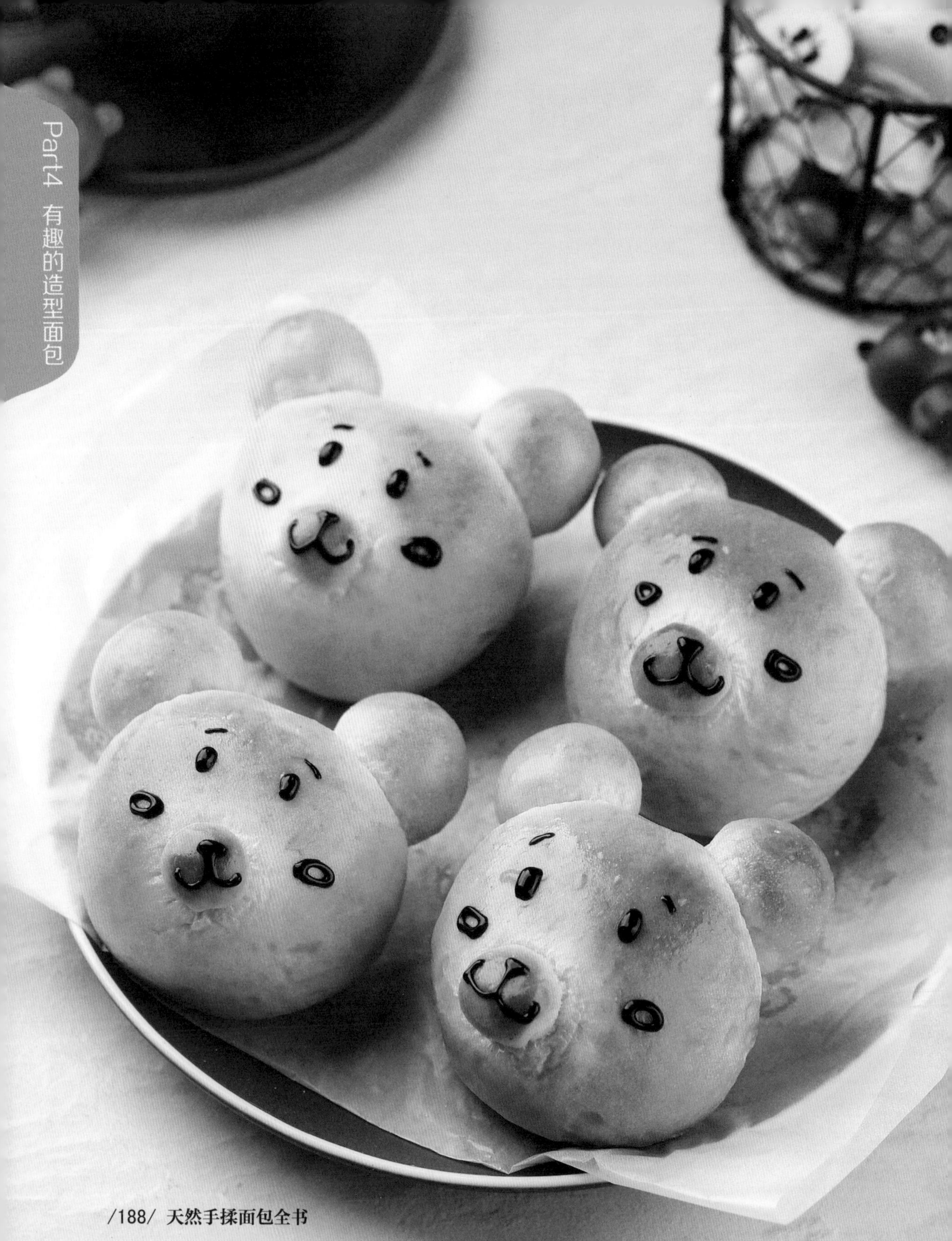

小熊面包

🕐 烘焙：16分钟　　🍲 难易度：★☆☆

🧂 材 料

面团：低筋面粉110克，高筋面粉25克，细砂糖25克，无盐黄油15克，牛奶50毫升，酵母粉2克，鸡蛋液35克，盐1克；**装饰**：蛋黄液适量，黑巧克力适量

👨‍🍳 做 法

1 将高筋面粉、低筋面粉、细砂糖倒入大玻璃碗中拌匀。

2 将牛奶、酵母粉倒入小玻璃碗中拌匀，制成酵母牛奶。

3 将酵母牛奶、鸡蛋液倒入大玻璃碗中，翻拌成面团。

4 取出面团，放在操作台上，反复揉扯拉长，再滚圆。

5 再将面团按扁，放上无盐黄油、盐，揉搓至混合匀再滚圆。

6 将面团放回大玻璃碗中，封上保鲜膜，静置发酵约30分钟。

7 摘取12个5克的小剂子，搓圆，制成小熊耳朵、鼻子，将剩余面团分成4等份，滚圆。

8 将面团按照小熊的造型制作好，放入铺有油纸的烤盘上。

9 将烤盘放入已预热至30℃的烤箱中发酵30分钟后取出。

10 在面包坯表面刷蛋黄液。

11 放入已预热至180℃的烤箱中层，烤约16分钟，取出。

12 将溶化的黑巧克力装入裱花袋，再在面包上点缀出眼睛、眉毛等造型即可。

> **烘焙妙招**
>
> 揉搓面团时，如果面团黏手，可以撒上适量面粉。

多彩糖果甜甜圈

⏱ 烘焙：15分钟　🍲 难易度：★★☆

🫙 材料

面包体： 低筋面粉160克，泡打粉8克，细砂糖65克，鸡蛋100克，蜂蜜15克，牛奶80毫升，无盐黄油35克，盐2克；

表面装饰： 黑巧克力砖50克，彩色糖粒适量，糖粉适量

👨‍🍳 做法

1　把鸡蛋、细砂糖、盐放入大盆中，用电动打蛋器打发至浓稠状。

2　加入泡打粉和过筛的低筋面粉，拌匀。

3　将蜂蜜、牛奶和无盐黄油一同隔水溶化，加入少许步骤2的面糊拌匀，再倒回大盆内，混匀。

4　将拌好的面糊装入裱花袋中。

5　再挤入烤模中至八分满。

6　烤箱预热180℃，放入烤箱烤约15分钟至不粘黏的状态，取出冷却，脱模，作为甜甜圈的主体。

7　将黑巧克力砖隔水溶化。

8　淋在甜甜圈表面。

9　撒上少许彩色糖粒装饰。

10　用细筛网撒上糖粉装饰。

> **烘焙妙招**
> 　　黑巧克力砖隔水溶化时要注意温度不要超过55℃。

白豆沙可可面包

⏱ 烘焙：分钟　🍲 难易度：★☆☆

📖 材料

面团：高筋面粉100克，低筋面粉25克，白豆沙64克，鸡蛋25克，牛奶25毫升，无盐黄油23克，酵母粉2克，奶粉5克，细砂糖15克，盐2克，可可粉5克，清水65毫升；**表面材料**：鸡蛋液适量，黑芝麻少许

👨‍🍳 做 法

1. 将高筋面粉、低筋面粉、酵母粉、奶粉、盐、细砂糖、可可粉倒入大玻璃碗中，搅拌均匀。

2. 将鸡蛋搅散后倒入碗中，再加入牛奶、清水，用橡皮刮刀翻压几下，再用手揉成团。

3. 取出面团，放在干净的操作台上，将其反复揉扯拉长，再卷起，稍稍搓圆、按扁。

4. 放上无盐黄油，收口、揉匀成面团。将面团放回大玻璃碗中，封上保鲜膜，发酵约30分钟。

5. 取出面团，分成4等份，再收口、搓圆；白豆沙分成4等份后搓圆。

6. 将面团盖上保鲜膜，静置松弛约10分钟。

7. 将面团均按扁，放上白豆沙，收口、搓圆。

8. 手上沾上少许面粉，将面团按扁，用剪刀在面团边缘剪6个开口，制成面包坯。

9. 取烤盘，铺上油纸，放上面包坯，放入已预热至30℃的烤箱中层，发酵约30分钟，取出。

10. 刷上鸡蛋液，撒上黑芝麻。将烤盘放入已预热至170℃的烤箱中层，烘烤约15分钟即可。

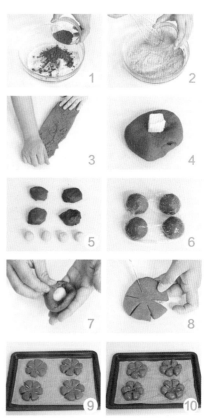

栗子小面包

🕐 烘焙：20分钟　　🍲 难易度：★★☆

🔲 材 料

面包体：高筋面粉250克，全麦面粉50克，细砂糖20克，盐2克，橄榄油15毫升，鸡蛋50克，水50毫升，速发酵母粉4克，无盐黄油25克；**内馅**：去皮栗子100克；**表面装饰**：蛋液适量，熟白芝麻适量

🍳 做 法

1　栗子用刀切碎，放入预热至180℃的烤箱中烤约15分钟至熟。

2　碗中放入高筋面粉、全麦面粉、细砂糖和速发酵母粉拌匀。

3　加入鸡蛋、水、橄榄油，拌匀。

4　取出放在操作台上，用手揉至面团光滑，再加入无盐黄油和盐，揉至无盐黄油和盐完全被面团吸收。

5　揉圆放入大碗中，用喷雾器喷上清水，盖保鲜膜或湿布静置松弛约25分钟。

6　按压成圆饼状，加入烤好的栗子，揉搓均匀。

7　用刮板分成4等份。

8　用手把面团分别搓圆。

9　用手压住面团的下半部分，稍搓几下。

10　喷上清水，盖上湿布发酵。

11　把面团放置在油布上，在大头一端刷蛋液，沾上芝麻。

12　放入烤箱以上火180℃、下火160℃，烤20分钟即可。

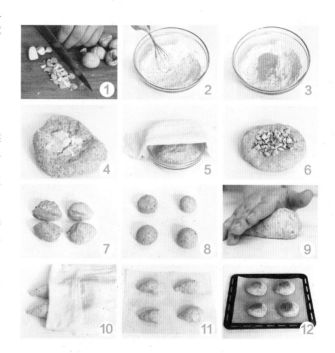

烘焙妙招
　　面包烤了后表面依旧没有上色，可以增加烘烤时间。

巧克力星星面包

🕐 烘焙：18~20分钟　　💼 难易度：★★★

📖 材 料

面团：高筋面粉270克，低筋面粉30克，酵母粉3克，细砂糖30克，牛奶200毫升，盐2克，无盐黄油30克；**馅料**：榛果巧克力酱100克；**表面装饰**：全蛋液适量

👨‍🍳 做 法

1　将面团材料中的粉类（除盐外）搅匀；再倒入牛奶，拌匀并揉成不粘手的面团。

2　加入无盐黄油和盐，通过揉和甩打，将面团混合均匀。

3　将面团揉圆放入盆中，包上保鲜膜发酵30分钟。

4　取出发酵好的面团，分割成4等份并揉圆，表面喷少许水，松弛20~25分钟。

5　揉圆的小面团稍压扁后，用擀面杖擀成圆片状，把直径20厘米活底烤模模底放在上面，切出大小一致的圆面皮。

6　在一片圆面皮上涂榛果巧克力酱，覆盖上另一片圆面皮，再涂榛果巧克力酱，至完成3层夹馅，覆盖上最后一片圆面皮。

7　用刀在面团的边缘切开8等份，把切开的边缘按逆时针翻转。面团放入烤盘中发酵55分钟，表面刷上一层全蛋液。

8　放入烤箱以上火175℃、下火170℃烤18~20分钟即可。

> **烘焙妙招**
>
> 　烤箱预热后再放入生坯，可使烤好的面包更松软。

全麦酸奶水果面包

🕐 烘焙：20分钟　　🍲 难易度：★★☆

📖 材料

面包体：高筋面粉250克，全麦粉50克，细砂糖5克，速发酵母粉3克，酸奶50克，水150毫升，无盐黄油100克，盐3克；

内馅：核桃100克，蔓越莓干50克，蓝莓干50克，无盐黄油（打发装入裱花袋中备用）适量；**表面装饰**：糖粉适量

👨‍🍳 做法

1 将高筋面粉、全麦粉、速发酵母粉、细砂糖倒入大碗中，搅拌均匀。

2 加入酸奶、水，搅拌均匀。

3 用手将面团揉至光滑，加入无盐黄油和盐，继续揉至能撕出薄膜的状态。

4 面团压扁，包入除无盐黄油外的内馅材料，揉均匀。

5 面团揉圆，放入大碗中，盖上湿布或保鲜膜静置松弛约30分钟。

6 用刮板把面团分成两半，并揉圆。

7 分别擀成长圆形，并挤上打发的无盐黄油。

8 分别对折，在接口处剪出锯齿形，卷成圆圈，形成两个星星的形状。

9 放在铺了油布的烤盘上，喷上水，盖上湿布静置发酵约40分钟，至面团两倍大。

10 入烤箱以200℃的温度烤20分钟，出炉后撒上糖粉装饰即可。

> **烘焙妙招**
>
> 发酵时间过短则面包无香味，发酵时间过长会有酸味。

烘焙妙招

在气温降低的情况下，可以将面团放入水温为30℃的蒸锅中，加快面皮的发酵，以节省面包制作的时间。

毛毛虫果干面包

⏱ 烘焙：18分钟　　🍲 难易度：★★☆

📋 材 料

面包体：高筋面粉250克，细砂糖50克，奶粉7克，速发酵母粉2克，水125毫升，鸡蛋25克，无盐黄油25克，盐2克；**内馅**：葡萄干适量，核桃碎适量，芝士酱适量

👨‍🍳 做 法

1　葡萄干放温水中泡软，备用。

2　高筋面粉中加入细砂糖、奶粉、速发酵母粉，拌匀。

3　加入鸡蛋和水，混合均匀。

4　取出面团，揉至面团光滑，加入无盐黄油和盐，揉匀。

5　放入玻璃碗中，喷上水，盖保鲜膜静置松弛。

6　取出松弛好的面团，将面团擀成长圆形，用刮板分成两半。

7　在面团上半部分撒上葡萄干和核桃碎，切开，推压变薄。

8　在面团下半部分切上几刀，卷成毛毛虫的形状，在凹陷处挤芝士酱，盖上湿布发酵40分钟。

9　放入已预热至200℃的烤箱中烤熟。

西瓜造型吐司

⏱ 烘焙：38分钟　🍲 难易度：★★☆

🍱 材料

西瓜肉面团：高筋面粉150克，细砂糖10克，速发酵母粉1克，红曲粉10克，水30毫升，无盐黄油10克，盐1克；**原味面团**：高筋面粉75克，细砂糖5克，速发酵母粉1克，水50毫升，无盐黄油5克，盐1克；**抹茶面团**：高筋面粉100克，抹茶粉4克，细砂糖8克，速发酵母粉1.5克，水70毫升，无盐黄油8克，盐2克

👨‍🍳 做法

1　将西瓜肉面团中的粉类材料放入盆中搅匀，倒入水，用橡皮刮刀拌成面团。

2　揉搓面团，加入无盐黄油揉至面团光滑。

3　将面团盖上湿布静置松弛25分钟。

4　原味面团和抹茶面团按西瓜肉面团的揉面程序揉制。把西瓜肉面团擀开成与烤模同宽的长方形。

5　卷起呈柱状，再次擀成长条，卷起备用。

6　原味面团擀成长方形，把西瓜肉面团包裹起来，收口捏紧。

7　抹茶面团擀成长方形，包入原味面团，收口。

8　放入吐司模中，表面喷水，发酵约70分钟。

9　放入已预热190℃的烤箱中烤约38分钟，取出，切片食用即可。

烘焙妙招

　　可适当加入酵母粉的用量，以便更易发面。

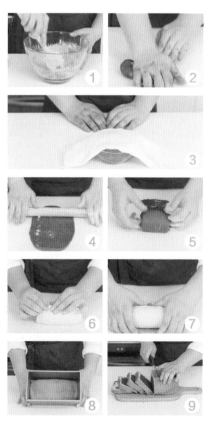

香浓番茄面包

🕐 烘焙：20分钟　🍲 难易度：★★☆

扫一扫学烘焙

📖 材 料

面团：高筋面粉180克，细砂糖28克，酵母粉3克，芝士粉18克，番茄酱45克，鸡蛋液18克，水80毫升，无盐黄油12克，盐2克；**表面装饰**：全蛋液适量

🎩 做 法

1　把面团材料中的所有粉类（除盐外）放入大盆中，搅匀。

2　加入鸡蛋液、番茄酱和水，用橡皮刮刀由内向外搅拌至材料完全融合，取出面团揉至起筋。

3　加入盐和无盐黄油，揉成一个光滑的面团，放入盆中，盖上保鲜膜发酵15分钟。

4　取出面团，擀平，用刀切出4个约3克的三角形面粒备用。

5　其余的面团分成4等份的小面团，揉圆。

6　把揉圆的小面团均匀地放入烤盘。

7　把三角形的面粒分别放在小面团的顶部，用牙签固定，最后发酵45分钟，表面刷上全蛋液。

8　放入烤箱以上火160℃、下火175℃烤20分钟即可。

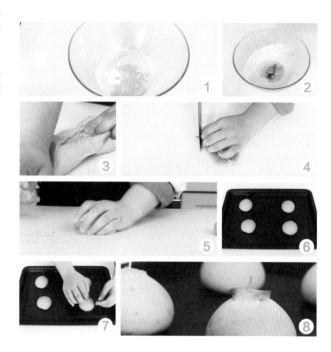

烘焙妙招

　食用之前要将牙签取出，避免食用时受伤。

全麦叶形面包

⏱ 烘焙：18分钟　🍳 难易度：★☆☆

🥘 材料

面包体：高筋面粉125克，低筋面粉25克，全麦粉100克，速发酵母粉4克，水150毫升，蜂蜜10克，无盐黄油10克，盐1克；**表面装饰：**高筋面粉适量

👨‍🍳 做法

1　将高筋面粉、低筋面粉过筛放入大碗里。

2　加入全麦粉、速发酵母粉，用手动打蛋器搅匀。

3　加入水、蜂蜜，用橡皮刮刀搅拌成团。

4　将面团取出放在操作台上，用力甩打，一直重复此动作到面团光滑，包入盐和无盐黄油。

5　继续揉至面团光滑，揉成圆形，放入盆中，包上保鲜膜松弛约25分钟。

6　松弛好的面团分成两等份，分别擀成长圆形，卷起成橄榄形。

7　将橄榄形面团放在油布上，盖上湿布发酵。

8　发酵好的面团连带油布一起放在烤盘上。

9　用细筛网撒上高筋面粉，划出叶子的纹路。

10　放入已预热至200℃的烤箱中，烤约18分钟。

> **烘焙妙招**
>
> 　　如果喜欢甜食，可以把撒在表面装饰的面粉换成糖粉。

普雷结 ⏱ 烘焙：10～12分钟　🍲 难易度：★☆☆

🍶 材 料

面包体：高筋面粉100克，细砂糖5克，速发酵母粉2克，水60毫升，无盐黄油7克，盐2克；**表面装饰**：砂糖8克，肉桂粉3克，杏仁片15克，苏打粉2克，热水少许

👨‍🍳 做 法

1　将筛好的高筋面粉和细砂糖、速发酵母粉放入盆中，搅匀。

2　加入水，搅拌成团，再用洗衣服的手势用力揉面2分钟。

3　加入无盐黄油和盐，继续揉5分钟。把面团揉圆，放入盆中，盖上保鲜膜松弛约20分钟。

4　把面团分成两等份，揉圆。

5　用擀面杖擀开成椭圆形。

6　用手掌将面团搓成长条，越往两端越细，交叉两次，卷起。

7　将面团放在油布上，盖上湿布发酵约30分钟。

8　热水混苏打粉后淋在面团上。

9　撒上砂糖、肉桂粉、杏仁片。

10　放入烤箱，以上火190℃、下火175℃烤10～12分钟即可。

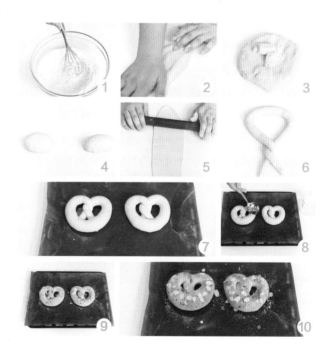

南瓜面包

🍳 烘焙：16~18分钟　🍲 难易度：★☆☆

📖 材 料

面团：高筋面粉270克，低筋面粉30克，酵母粉4克，南瓜（煮熟压成泥）200克，蜂蜜30克，牛奶30毫升，无盐黄油30克，盐2克；**表面装饰**：南瓜子适量

🎩 做 法

1 把牛奶倒入南瓜泥中，拌匀，加入蜂蜜，拌匀。

2 把面团材料中的所有粉类（除盐外）搅匀。

3 加入步骤1中的材料，拌匀并揉成团；把面团取出，放在操作台上，揉匀。

4 加入盐和无盐黄油，继续揉至完全融合成为一个光滑的面团，放入盆中，盖上保鲜膜基本发酵20分钟。

5 取出面团，分成6等份，并揉圆，在表面喷少许水，松弛10~15分钟。

6 分别把面团稍压平，用剪刀在面团边缘均匀地剪出6~8个小三角形，去掉不要。

7 面团发酵50分钟，表面放上几颗南瓜子。

8 放入烤箱以上火175℃、下火170℃烤熟即可。

> **烘焙妙招**
> 　剪出的小三角形不宜太大，以免影响成品美观。

花形果酱面包

⏱ 烘焙：25分钟　🍲 难易度：★★☆

📖 材 料

高筋面粉140克，细砂糖15克，奶粉5克，速发酵母粉2克，水40毫升，鸡蛋10克，蓝莓酱35克，无盐黄油12克，盐1克，葡萄干（温水泡软）适量，食用油适量

扫一扫学烘焙

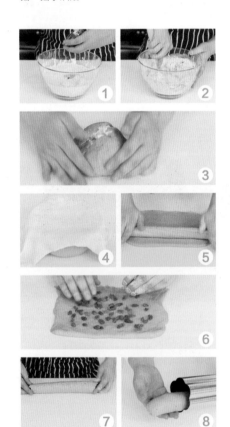

🍳 做 法

1. 在盆中加入高筋面粉、细砂糖、奶粉、速发酵母粉、鸡蛋、水和蓝莓酱。

2. 用橡皮刮刀从盆的边缘往里混合材料，拌成面团。

3. 将面团揉至延展状态，加入无盐黄油和盐，继续揉面团，使之成为一个光滑的面团。

4. 将面团盖上湿布或保鲜膜松弛约25分钟。

5. 用擀面杖将面团擀平。

6. 在面团表面均匀地撒上葡萄干。

7. 由上向下卷起，捏紧收口，放入已刷油的吐司模内，盖上盖子发酵约50分钟。

8. 将发酵好的面团放入已预热至190℃的烤箱中烤约25分钟，取出冷却后脱模切片。

> **烘焙妙招**
>
> 　　不同季节面团发酵时间不同，要根据温度增减发酵时间。

烘焙妙招

面团盖上湿布，可以避免面团变硬。

扫一扫学烘焙

心形巧克力面包

⏱ 烘焙：25分钟　🍲 难易度：★★☆

🍚 材料

高筋面粉135克，可可粉10克，细砂糖20克，速发酵母粉2克，牛奶65毫升，炼奶10克，鸡蛋15克，无盐黄油12克，盐1克，橄榄油少许

做法

1. 在盆中加入高筋面粉、可可粉、速发酵母粉、细砂糖搅匀。
2. 加入炼奶、鸡蛋、牛奶，用橡皮刮刀拌成面团。
3. 将面团揉至延展状态，加入无盐黄油和盐，继续揉成光滑的面团。
4. 把面团放入盆中，盖上湿布或保鲜膜松弛约25分钟。
5. 将面团放在操作台上擀平。
6. 由上向下卷起。
7. 握紧收口，放入已刷橄榄油的心形模具内。
8. 盖上盖子，静置发酵。
9. 将模具放入已预热至190℃的烤箱中烤约25分钟，出烤箱，待冷却后切片。

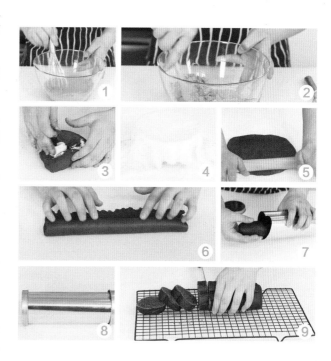

花辫面包

⏱ 烘焙：15分钟　🍲 难易度：★ ☆ ☆

🧂 材料

面团： 低筋面粉110克，高筋面粉25克，细砂糖25克，无盐黄油15克，牛奶50毫升，酵母粉2克，鸡蛋液35克，蔓越莓干50克，盐1克；**装饰：** 蛋黄液适量

👨‍🍳 做法

1 将高筋面粉、低筋面粉、细砂糖倒入大玻璃碗中拌匀。

2 将牛奶、酵母粉倒入小玻璃碗中，搅拌均匀。

3 将酵母牛奶、鸡蛋液倒入大玻璃碗中，翻拌均匀成面团。

4 取出面团，放在操作台上，反复揉扯拉长，再滚圆。

5 再将面团按扁，放上无盐黄油、盐，揉搓至混合均匀。

6 放上蔓越莓干，揉匀、滚圆。

7 将面团放回大玻璃碗中，封上保鲜膜，发酵30分钟。

8 撕掉保鲜膜，切成数个重约16克一个的小面团，滚圆，再揉搓成长条。

9 用3条面团编成辫子，制成辫子面包坯。

10 将面包坯放在铺有油纸的烤盘上，放入已预热至30℃的烤箱中层，发酵约40分钟。

11 取出面团，刷上蛋黄液。

12 放入已预热至180℃的烤箱中层，烤约15分钟即可。

> **烘焙妙招**
> 3条面团的长度要尽量一致，以免影响成品美观。

芝麻面包

🕐 烘焙：18分钟　🍲 难易度：★ ☆ ☆

📋 材料

高筋面粉250克，芝麻粉25克，细砂糖35克，盐3克，酵母4克，牛奶50毫升，清水105毫升，黑芝麻5克，无盐黄油30克，鸡蛋液少许，杏仁片适量

🍳 做法

1 将高筋面粉、细砂糖、酵母、盐倒入大玻璃碗中，搅拌均匀。

2 碗中倒入牛奶、清水，用橡皮刮刀拌成无干粉的面团。

3 取出面团，放在干净的操作台上，反复揉扯面团。

4 将面团扯长，放上黑芝麻、芝麻粉，揉搓均匀，用刮板翻压几次，再揉搓至混合均匀。

5 将面团揉扯长，再卷起，收口朝上，按扁后放上无盐黄油，混合均匀，反复甩打至起筋，再揉圆。

6 将面团放回至大玻璃碗中，封上保鲜膜，静置发酵约40分钟。

7 撕开保鲜膜，用手指戳一下面团的正中间，以面团没有迅速复原为发酵好的状态。

8 取出面团，分切成6等份，再收口、搓圆。

9 将面团擀成长舌形面皮，按

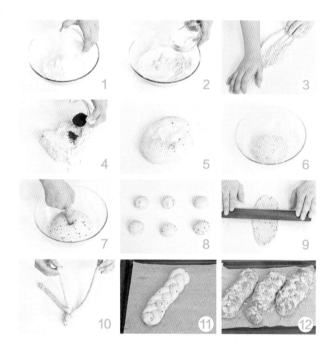

压长的一边使其固定，再从另一边开始卷起成条状。

10 取3条面团，交叉编成辫子状，将两端捏紧成面包坯。

11 取烤盘，铺上油纸，放上面包坯，刷上鸡蛋液，撒上杏仁片。

12 将烤盘放入已预热至170℃的烤箱中层，烘烤约18分钟即可。

烘焙妙招

　　面团一定要完全醒发，否则会影响成品的外观和口感。

羊咩咩酥皮面包 ⏱ 烘焙：17分钟　🍲 难易度：★★☆

📋 材 料

面包体：高筋面粉270克，低筋面粉30克，速发酵母粉12克，牛奶110毫升，水55毫升，鸡蛋50克，细砂糖30克，无盐黄油30克，盐2克；**表面装饰**：酥皮适量，蛋液少许，南瓜子适量，黑芝麻适量

🍳 做 法

1　将所有粉类材料（除盐外）放入盆中搅匀，分次加入水、牛奶、鸡蛋搅匀成团。

2　加入无盐黄油和盐，揉成团。

3　包上保鲜膜松弛30分钟。

4　取出面团，将面团平均分成6等份，搓成椭圆形。

5　表面喷水，包保鲜膜发酵。

6　发酵好的面团表面刷蛋液。

7　将酥皮修成适合面团表面大小的形状，盖在面团的三分之二处，底部和尾部收口捏紧。

8　南瓜子插入涂抹蛋液的酥皮中，装饰成耳朵；黑芝麻沾少许蛋液，装饰成眼睛。

9　放入烤箱以上火180℃、下火170℃烤17分钟即可。

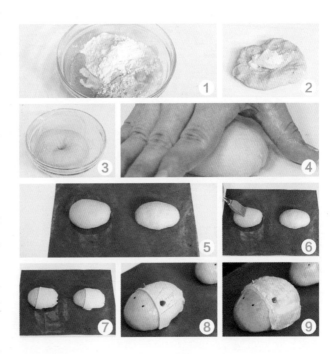

玫瑰苹果卷

⏱ 烘焙：25分钟　🍲 难易度：★★☆

🍲 材　料

苹果1个，细砂糖40克，水250毫升，柠檬汁15毫升，无盐黄油15克，低筋面粉50克

扫一扫学烘焙

👨‍🍳 做　法

1　将一个苹果切薄片。

2　锅内倒入水、柠檬汁和细砂糖煮开，再放入切好的苹果片，煮10秒左右至苹果片变软。

3　煮好的苹果片捞出，放在网架上晾凉待用。

4　称量出25克煮苹果的水。

5　准备一个大碗，倒入低筋面粉，加入室温软化的无盐黄油，搅拌至无盐黄油融入面粉中。

6　再倒入称出来的苹果水，用手将面粉揉成面团。

7　揉好的面团擀开呈长圆形。

8　用刀切出长25厘米、宽1.5厘米的长条。

9　将苹果片一片一片地叠在面皮上。

10　卷起放入烘焙小纸杯中，放入烤箱以上火170℃、下火150℃，烤约25分钟。

> **烘焙妙招**
>
> 　苹果切片时尽量切薄一些，方便整形。

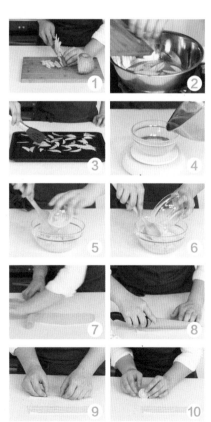

拖鞋沙拉面包

🕐 烘焙：20分钟　🍲 难易度：★★☆

📖 材料

面包体：高筋面粉225克，细砂糖10克，速发酵母粉2克，水200毫升，橄榄油35毫升，盐2克，无盐黄油适量；**内馅**：拌好的蔬菜沙拉适量

👨‍🍳 做法

1. 大碗中加入高筋面粉。
2. 加入细砂糖和1克的盐，加入速发酵母粉，用手动打蛋器拌匀。
3. 加入水和橄榄油。
4. 拌匀成团，将面团取出放在操作台上，揉至面团光滑，包入1克的盐和无盐黄油。
5. 用手将面团揉圆。
6. 包上保鲜膜松弛15～20分钟。
7. 把面团分成3等份，取其中一个面团擀开成椭圆形。
8. 其余面团也擀成椭圆形，静置发酵约45分钟。
9. 放入烤箱以上火190℃、下火175℃，烤约20分钟，取出。
10. 把全麦面包剪出拖鞋的样子，塞入拌好的蔬菜沙拉。

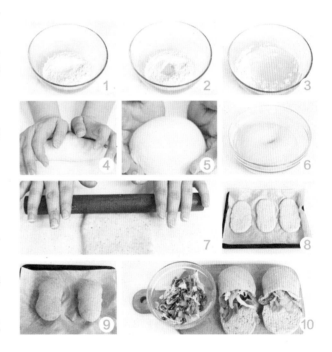

> **烘焙妙招**
> 　剪出来的剩余面包也可以搭配牛奶、果酱或炼奶食用。

大嘴巴青蛙汉堡

⏱ 烘焙：15~18分钟　🍲 难易度：★★☆

📋 材料

面包体： 高筋面粉220克，低筋面粉30克，细砂糖20克，速发酵母粉3克，鸡蛋50克，水95毫升，无盐黄油20克，盐2克；**表面装饰：** 黑巧克力笔适量，火腿适量，生菜适量，芝士片适量

👨‍🍳 做法

1. 将高筋面粉、低筋面粉和速发酵母粉搅匀。

2. 加入鸡蛋、水、细砂糖、无盐黄油和盐揉匀。

3. 将面团揉至光滑，再揉圆。

4. 包上保鲜膜松弛约30分钟。

5. 取出松弛好的面团，排出空气，分成两等份，其中一等份再分成4个小圆球当眼睛，分别揉圆。

6. 将小圆球插入牙签，分别戳入大圆球上方，做成青蛙的眼睛。

7. 在面团表面喷水，盖上湿布发酵40分钟。

8. 放入烤箱以上火175℃、下火160℃烤15~18分钟。

9. 取出面包，将底部切半，塞入火腿、生菜、芝士片，最后再用巧克力笔在面包上画出青蛙的眼睛和鼻孔。

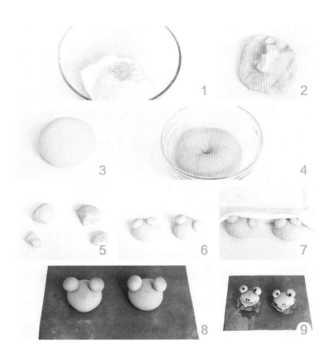

烘焙妙招

可依个人喜好，适当增减细砂糖的用量。

热狗卷面包

🕐 烘焙：15分钟　🍲 难易度：★☆☆

🧂 材料

高筋面粉200克，低筋面粉80克，鸡蛋液50克，热狗3根，奶粉20克，盐2克，细砂糖30克，无盐黄油25克，酵母粉5克，清水150毫升

👨‍🍳 做法

1 将高筋面粉、低筋面粉、盐、细砂糖、奶粉、酵母粉倒入大玻璃碗中拌匀。

2 倒入鸡蛋液、清水拌匀成团。

3 取出面团，放在操作台上，将其反复揉扯拉长，搓圆。

4 将面团按扁，放上无盐黄油，揉搓均匀，揉成光滑面团。

5 将面团放回至大玻璃碗中，封上保鲜膜，发酵40分钟。

6 撕开保鲜膜，取出面团，分成3等份，收口、搓圆。

7 封上保鲜膜，发酵10分钟。

8 撕开保鲜膜，将面团擀成比热狗稍微长一点的面皮。

9 分别放上热狗，卷起、收口。

10 用剪刀剪上几刀成花状，放在铺有油纸的烤盘上，将其摊开绕成圈。

11 将烤盘放入已预热至30℃的烤箱中发酵30分钟，取出。

12 再将烤盘放入已预热至180℃的烤箱中层，烘烤约15分钟即可。

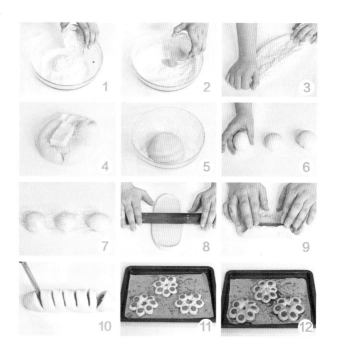

烘焙妙招

剪刀不能在包裹着热狗的面团上剪得过浅，要将热狗剪断，但不能将面团剪断。

培根麦穗面包

🕐 烘焙：18分钟　🍲 难易度：★★☆

📖 材料

高筋面粉125克，细砂糖20克，奶粉4克，速发酵母粉1克，水63毫升，鸡蛋13克，无盐黄油13克，盐1克，培根适量

扫一扫学烘焙

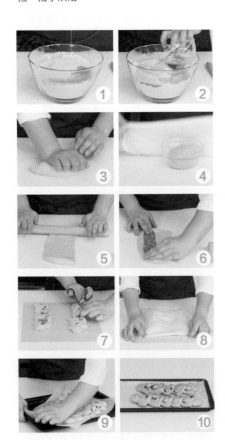

👨‍🍳 做法

1. 在盆中加入高筋面粉、细砂糖、奶粉、速发酵母粉、鸡蛋。

2. 加入水，拌匀，和成面团。

3. 将面团放到操作台上，揉至延展状态，加入无盐黄油和盐，继续揉成一个光滑的面团。

4. 盖上湿布或保鲜膜松弛15~20分钟。

5. 将面团分成两等份，分别用擀面杖擀成长方形。

6. 两份面团分别包入培根，再分别卷成长条。

7. 将面团放在高温油布上，用剪刀斜剪面团，摆放成"V"字形，剪出两条麦穗的形状。

8. 喷上水，盖湿布发酵50分钟。

9. 发酵好的面团连带油布一起放在烤盘上。

10. 放入烤箱以180℃烤约18分钟即可。

> **烘焙妙招**
> 　　放在油布上对面包进行整形和发酵更方便。

Part 5

百变的料理面包

　　面包要怎样吃才营养又美味？将多种食材巧妙融入面包中，赋予面包新的生命，让面包上升一个等级，丰富我们的餐桌。

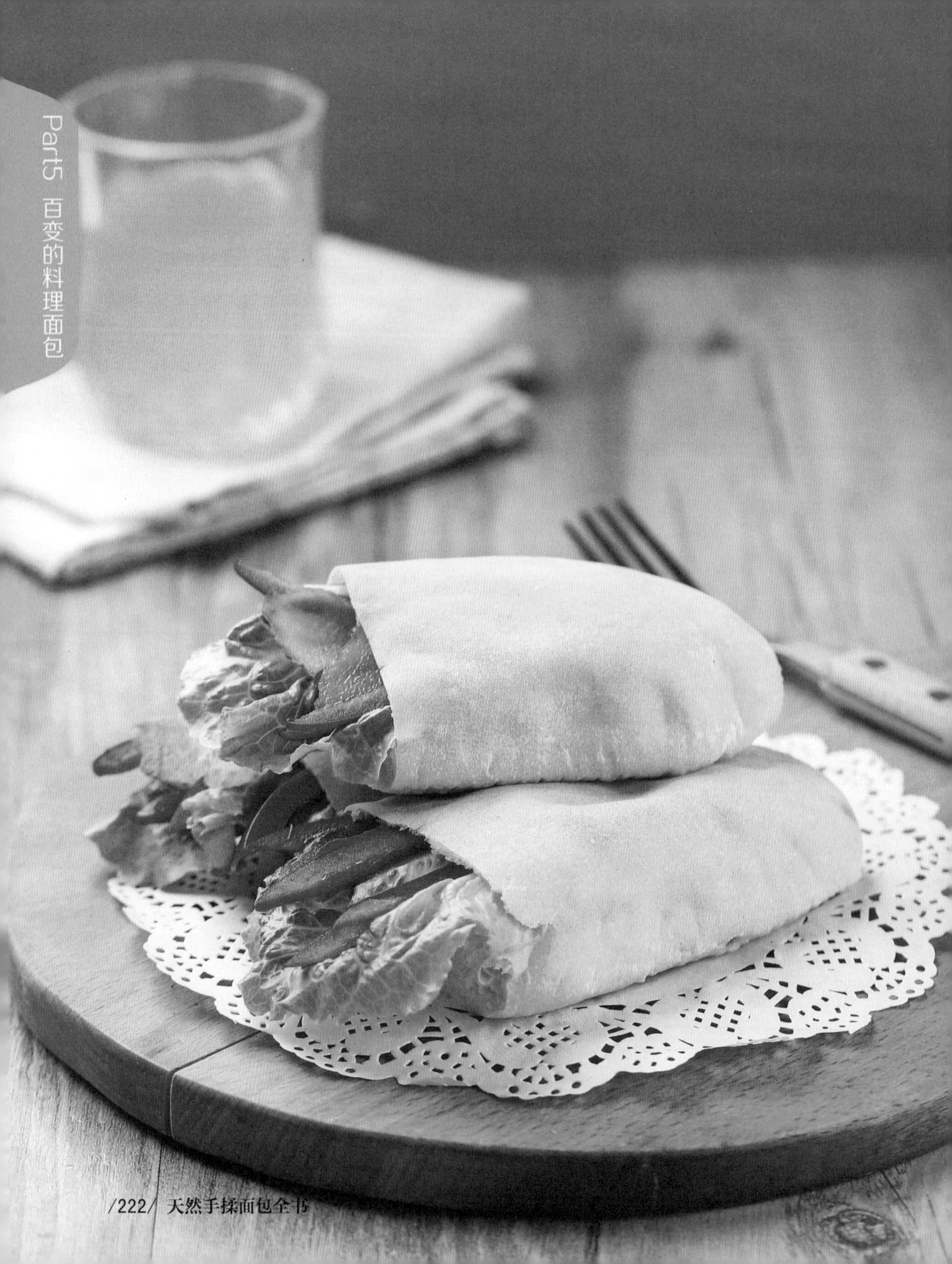

胡萝卜口袋面包

⏱ 烘焙：10分钟　🍲 难易度：★★☆

📖 材 料

高筋面粉125克，奶粉5克，胡萝卜汁100毫升，生菜叶3片，
红彩椒条15克，酸黄瓜片15克，橄榄油8毫升，酵母粉4克，
细砂糖5克，盐3克

👨‍🍳 做 法

1. 将高筋面粉、酵母粉倒入备好的大玻璃碗中。
2. 放入细砂糖、盐、奶粉。
3. 用手动搅拌器搅拌均匀。
4. 倒入胡萝卜汁、橄榄油，翻拌至无干粉的面团。
5. 取出面团，反复揉扯、甩打，再滚圆成光滑的面团。
6. 将面团放回大玻璃碗中，封上保鲜膜，室温环境中静置发酵约40分钟。
7. 取出发酵好的面团，分成3等份，收口、搓圆。
8. 将面团擀成厚度约为0.6厘米的长舌形面皮。
9. 取烤盘，铺上油纸，放上擀好的长舌形面皮。
10. 将面皮放入已预热至215℃的烤箱中层，烘烤约10分钟。
11. 取出烤好的面包，用剪刀剪去一小部分，即成口袋面包。
12. 往口袋面包中塞入生菜叶、酸黄瓜片、红彩椒条即可。

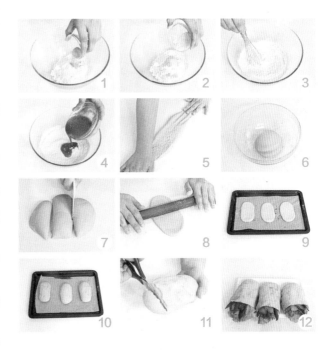

> **烘焙妙招**
> 　　揉搓面团过程中，适度甩打可让面团更劲道。

牛肉比萨

🕐 烘焙：15分钟　🍲 难易度：★★☆

📋 材料

高筋面粉300克，鸡蛋（1个）55克，牛肉块45克，圣女果块20克，芝士条15克，酵母粉3克，细砂糖12克，盐3克，番茄酱少许，比萨酱适量，清水160毫升

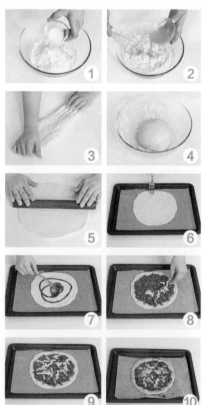

👨‍🍳 做法

1. 将高筋面粉、酵母粉、盐、细砂糖倒入大玻璃碗中，用手动搅拌器搅匀。

2. 倒入清水，放入搅散的鸡蛋，用橡皮刮刀翻拌几下，再用手揉至无干粉。

3. 取出面团，放在干净的操作台上，反复甩打至起筋，再揉搓、拉长，卷起后收口、搓圆。

4. 将面团放回大玻璃碗中，封上保鲜膜，静置发酵约30分钟。

5. 撕开保鲜膜，取出发酵好的面团，将其擀成厚薄一致的圆形薄面皮。

6. 取烤盘，铺上油纸，放上面皮，用叉子均匀地插上一些气孔。

7. 挤上番茄酱抹匀，放上比萨酱抹匀。

8. 均匀地放上牛肉块、圣女果块、芝士条。

9. 将烤盘放入已预热至30℃的烤箱中层，发酵约30分钟，取出。

10. 将烤盘放入已预热至190℃的烤箱中层，烘烤约15分钟即可。

星形沙拉面包

⏱ 烘焙：25分钟　　🍲 难易度：★★☆

🍲 材料

面包体： 高筋面粉130克，速发酵母粉2克，细砂糖20克，牛奶65毫升，鸡蛋15克，无盐黄油12克，盐1克；**表面装饰：** 马苏里拉芝士碎适量，沙拉酱适量，玉米粒适量，火腿片适量，红椒粒适量，洋葱块适量，香草碎适量

扫一扫学烘焙

👨‍🍳 做法

1. 在盆中加入高筋面粉、牛奶和速发酵母粉混合均匀，加入细砂糖、鸡蛋。

2. 从盆的边缘往里混合材料，拌成面团。

3. 将面团揉至延展状态，加入无盐黄油和盐，继续揉成光滑的面团。

4. 把面团放入盆中，盖上湿布，松弛约20分钟。

5. 用擀面杖把面团擀平。

6. 由上向下卷起，握紧收口。

7. 放入星形吐司模内，合上盖子发酵至八成满，放入预热至190℃的烤箱中烤25分钟，冷却后脱模。

8. 将脱膜的面包切片，挤上沙拉酱，放上芝士碎、火腿和蔬菜，入烤箱烤至芝士溶化，出炉后撒上香草碎。

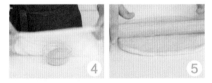

泡菜海鲜比萨

⏱ 烘焙：18分钟　🍲 难易度：★★☆

🍱 材料

高筋面粉300克，鸡蛋（1个）55克，酵母粉3克，细砂糖12克，盐3克，芝士条15克，烧烤酱适量，泡菜40克，虾仁18克，清水160毫升

👨‍🍳 做法

1 将高筋面粉、酵母粉、盐、细砂糖倒入大玻璃碗中，用手动搅拌器搅匀。

2 倒入清水，放入搅散的鸡蛋，用橡皮刮刀翻拌几下，再用手揉至无干粉。

3 取出面团，放在干净的操作台上，反复甩打至起筋。

4 再揉搓、拉长，卷起后收口、搓圆。

5 将面团放回至大玻璃碗中，封上保鲜膜，静置发酵约30分钟。

6 撕开保鲜膜，取出面团，擀成厚薄一致的圆形薄面皮。

7 烤盘上铺油纸，放上面皮，用叉子均匀地插上气孔。

8 刷上烧烤酱。

9 再放上泡菜，摆上虾仁。

10 撒上芝士条。

11 将烤盘放入已预热至30℃的烤箱中发酵30分钟，取出。

12 烤盘放入已预热至170℃的烤箱中层，烤约18分钟即可。

> **烘焙妙招**
>
> 　烤盘放入烤箱时，食材尽量铺均匀，才能保证比萨的外观及口感。

沙拉米比萨

⏱ 烘焙：13分钟　　🍲 难易度：★★☆

📖 材料

高筋面粉300克，鸡蛋（1个）55克，酵母粉3克，细砂糖12克，盐3克，火腿肠片45克，豌豆15克，罐头玉米15克，芝士条15克，辣椒汁适量，清水160毫升

👨‍🍳 做法

1 将高筋面粉、酵母粉、盐、细砂糖倒入大玻璃碗中，用手动搅拌器搅匀。

2 倒入清水、鸡蛋，用橡皮刮刀翻拌几下，再用手揉匀。

3 取出面团放在干净的操作台上，反复几次甩打至起筋，再揉搓、拉长，卷起后收口、搓圆。

4 将面团放回至大玻璃碗中，封上保鲜膜，发酵30分钟。

5 撕开保鲜膜，取出面团，将其擀成厚薄一致的圆形薄面皮。

6 取烤盘，铺上油纸，放上面皮，用叉子均匀地插上气孔。

7 再盖上保鲜膜，使其松弛发酵约15分钟。

8 撕开保鲜膜，用刷子刷上辣椒汁。

9 再放上火腿肠片、豌豆、玉米粒、芝士条。将烤盘放入已预热至180℃的烤箱中层，烤13分钟即可。

烘焙妙招

如果面团已经变得比松弛前要大一圈，就代表已经完全松弛了。

水果比萨

⏱ 烘焙：60分钟　🍲 难易度：★★☆

📖 材 料

高筋面粉120克，酵母粉2克，水80毫升，盐1克，植物油适量，苹果（切片）50克，芒果（切丁）50克，橘子30克，蜂蜜少许，开心果碎少许

👨‍🍳 做 法

1　酵母粉中倒入一半水，拌匀，制成酵母水。

2　将高筋面粉、酵母水、剩余的水、盐混合。

3　翻拌至面团表面光滑，盖上保鲜膜。

4　室温发酵约30分钟，取出，擀成厚度为2厘米的面皮。

5　锅中倒入植物油加热，倒入苹果片、芒果丁，炒至上色，倒入橘子炒匀，盛出备用。

6　将面皮铺在平底锅上，将煎炒好的水果放在面皮上铺好，用小火煎出香味。

7　盖上锅盖，继续用小火煎至底部上色，揭开锅盖，用喷枪烘烤水果表面。

8　继续煎一会儿，盛出比萨并装入盘中，表面淋上少许蜂蜜，撒上开心果碎即可。

烘焙妙招

　　使用喷火枪时，请注意用火安全，以免烫伤。

豆腐甜椒比萨

🕐 烘焙：15分钟　　🍲 难易度：★★☆

📋 材 料

高筋面粉150克，豆腐65克，甜椒酱20克，圣女果（切片）20克，黑橄榄（切片）6克，枫糖浆15克，白芝麻4克，酵母粉1.5克，盐2克，清水90毫升

👨‍🍳 做 法

1　将酵母粉倒入清水中，拌匀成酵母粉水。

2　将高筋面粉、盐倒入搅拌盆中，倒入酵母粉水、枫糖浆，拌匀，揉成光滑面团，盖上保鲜膜，发酵30分钟。

3　取出面团，撒上高筋面粉（分量外），擀平，移入烤盘，刷甜椒酱，放上豆腐，放上一圈圣女果片，再放上黑橄榄片，撒白芝麻，放入预热至200℃的烤箱中烤15分钟即可。

菠萝比萨

🕐 烘焙：20分钟　　🍲 难易度：★★☆

📋 材 料

高筋面粉150克，牛油果泥30克，蜂蜜10克，酵母粉2克，盐2克，清水25毫升，菠萝片65克，开心果碎5克，橄榄油5毫升

👨‍🍳 做 法

1　将酵母粉倒入清水中，拌匀成酵母粉水。

2　将高筋面粉、盐倒入搅拌盆中，放入酵母粉水、蜂蜜、牛油果泥，揉成光滑面团，盖上保鲜膜，室温发酵约30分钟。

3　取出发酵好的面团，撒上高筋面粉（分量外），擀成厚度为2厘米的面皮，放入烤盘，在面皮表面放菠萝片，刷上橄榄油。

4　放入烤箱以200℃的烤箱中层，烘烤约20分钟，取出撒上一层开心果碎即可。

烤培根薄饼

⏱ 烘焙：15分钟　🍲 难易度：★★☆

📋 材 料

高筋面粉250克，盐5克，酵母粉2克，水175毫升，无盐黄油35克，芝士丁50克，火腿丁50克，培根50克，沙拉酱适量，全蛋液适量

扫一扫学烘焙

👨‍🍳 做 法

1　高筋面粉、盐、酵母粉放入搅拌盆中，用手动打蛋器搅拌均匀。

2　倒入水，用橡皮刮刀搅拌均匀后，手揉面团15分钟，至面团起筋。

3　在面团中加入无盐黄油，用手揉至无盐黄油被完全吸收，呈光滑的面团即可。

4　面团放入碗中，盖上保鲜膜，发酵约15分钟。

5　取出面团，将面团对半分开，分别揉成圆形，用保鲜膜包好，表面喷水，松弛15分钟，取出面团，将其擀成圆片状。

6　刷上全蛋液。

7　用叉子在面饼的中间戳气孔，再依次放上火腿丁、培根、芝士丁，挤上沙拉酱。

8　放入烤箱以上、下火190℃烤15分钟即可。

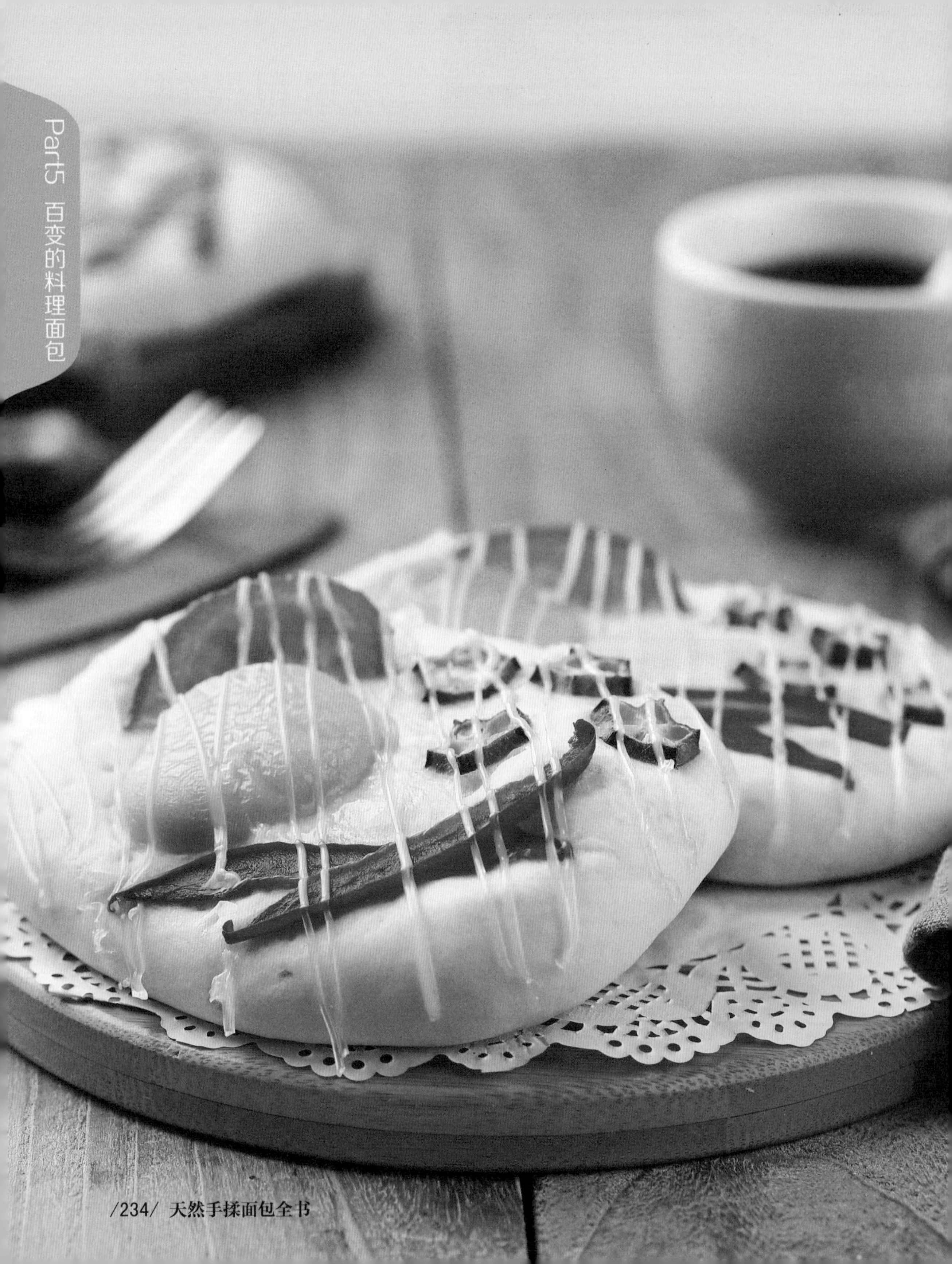

法式椰香蛋堡

⏱ 烘焙：15分钟　🍲 难易度：★★☆

📋 材 料

高筋面粉200克，低筋面粉50克，鸡蛋液50克，蛋黄（4个）
69克，奶粉20克，盐2克，细砂糖30克，无盐黄油25克，酵母
粉5克，清水150毫升，沙拉酱少许，秋葵片、西红柿块、红
彩椒条各适量

👨‍🍳 做 法

1 将高筋面粉、低筋面粉、
  盐、细砂糖、奶粉、酵母粉
  倒入大玻璃碗中，拌匀。

2 倒入鸡蛋液、清水，翻拌成
  团，再用手揉搓几下。

3 取出面团，放在操作台上，
  将其反复揉扯拉长，搓圆。

4 将面团按扁，放上无盐黄油。

5 将其反复揉搓至混合均匀。

6 将面团揉成光滑的圆形面团，
  放回至大玻璃碗中，封上保
  鲜膜，发酵40分钟。

7 撕开保鲜膜，取出面团，分
  切成4等份，再收口、滚圆。

8 将面团擀成圆形薄面皮，用
  叉子均匀插上一些气孔。

9 取烤盘，铺上油纸，放上面皮。

10 依次放上蛋黄、秋葵片、西
   红柿块、红彩椒条。

11 将烤盘放入已预热至30℃的
   烤箱中发酵30分钟，取出。

12 再将烤盘放入已预热至180℃
   的烤箱中层，烤15分钟，取
   出，来回挤上沙拉酱即可。

烘焙妙招
　　材料中的菜料可根据自己的
喜好而定。

牛肉汉堡

⏱ 烘焙：18分钟　🍲 难易度：★★★

📋 **材料**

高筋面粉564克，酵母粉8克，清水340毫升，熟牛肉片60克，西红柿片30克，鸡蛋液30克，生菜叶适量，黑芝麻适量，沙拉酱适量

👨‍🍳 **做法**

1 将高筋面粉、酵母粉倒入大玻璃碗中，用手动搅拌器搅匀。

2 倒入清水，揉搓成团，再取出放在操作台上，反复甩打、揉扯至光滑。

3 将面团封上保鲜膜，发酵50分钟后取出。

4 用刮板将面团分成4等份，再收口、滚圆。

5 将面包坯放在铺有油纸的烤盘上。

6 刷上鸡蛋液，撒上黑芝麻。

7 将烤盘放入已预热至30℃的烤箱中层，静置发酵约30分钟。

8 再将烤盘放入已预热至180℃的烤箱中烤18分钟，取出。

9 将烤好的面包切开一个口子。

10 放上一片生菜叶，来回挤上沙拉酱。

11 放入一片西红柿，来回挤上沙拉酱。

12 放上熟牛肉片，来回挤上沙拉酱即可。按照相同方法做完剩余汉堡即可。

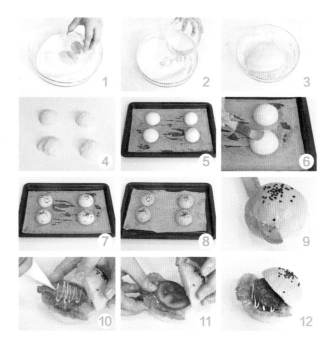

> **烘焙妙招**
> 　避免影响风味，提前备好的熟牛肉片不宜太老。

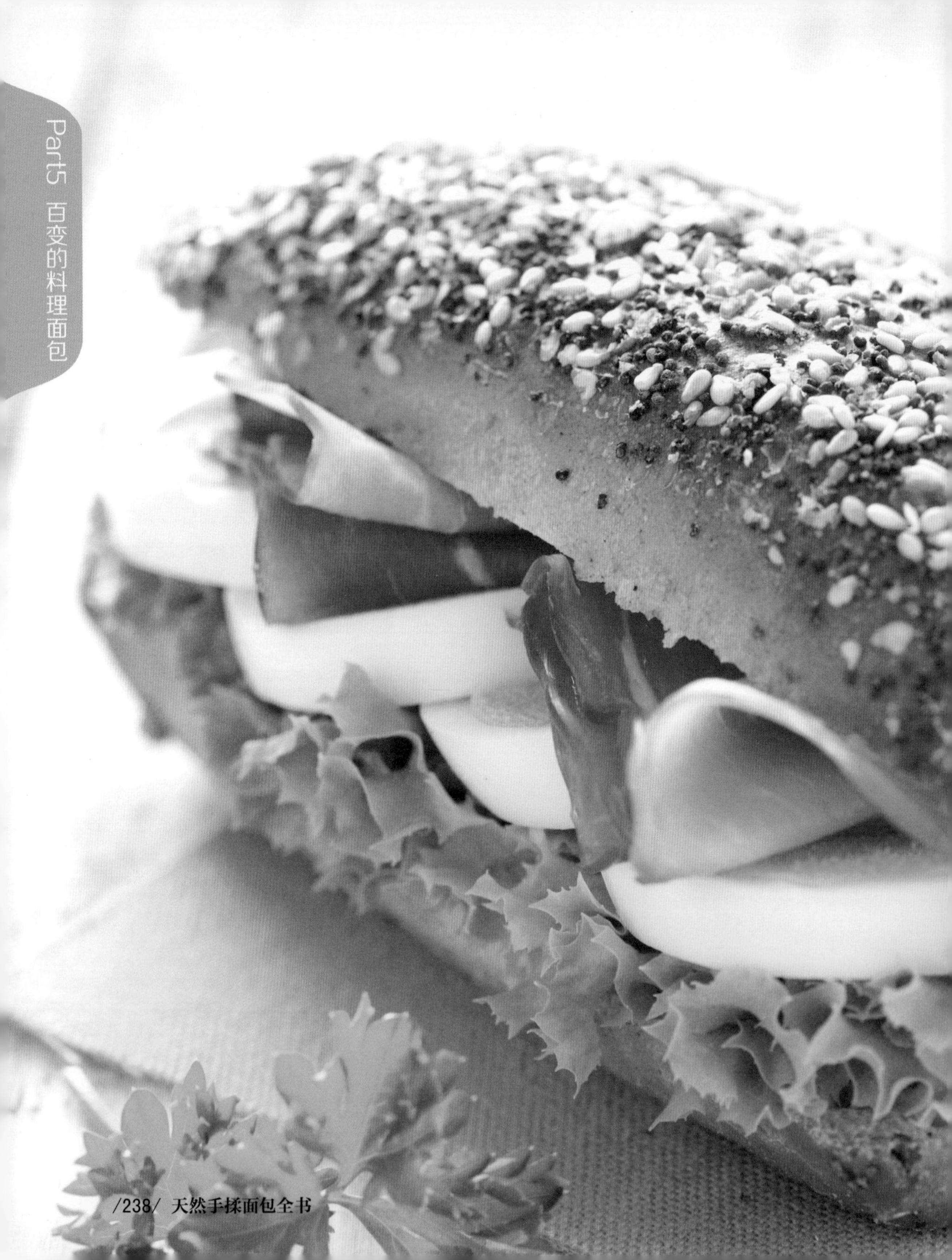

火腿鸡蛋汉堡

⏱ 烘焙：22分钟　🍲 难易度：★☆☆

🥘 材料

高筋面粉400克，酵母粉8克，细砂糖50克，盐5克，清水50毫升，黑芝麻、白芝麻各适量，熟鸡蛋2个，生菜适量，火腿100克，橄榄油适量

👨‍🍳 做法

1　将高筋面粉、酵母粉、细砂糖、盐搅匀，加入清水，揉成光滑面团，分成3等份，搓成椭圆形，沾裹上黑芝麻和白芝麻，放入已预热至30℃的烤箱中发酵60分钟，再放入已预热至180℃的烤箱中烤22分钟，取出，对半切开。

2　火腿切成薄片待用。

3　将熟鸡蛋剥壳之后切成约1厘米的厚片待用。

4　往锅中注入适量橄榄油，中火烧热。

5　将切好的火腿片放入锅中煎至金黄色盛出。

6　在面包底部放上生菜，平铺上鸡蛋片。

7　再将火腿片放到鸡蛋片上。

8　最后放上有芝麻的那一块面包，汉堡即成。

> **烘焙妙招**
>
> 　切熟鸡蛋前先把刀在开水中浸一会，这样切出来的熟蛋片光滑整齐不碎。

海鲜肠汉堡包

⏱ 制作：10分钟　🍲 难易度：★☆☆

📖 材料

奶酪2片，生菜50克，黄油20克，芝麻小汉堡1个（做法见P031），海鲜肠20克

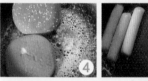

🧑‍🍳 做法

1 备好的海鲜肠对半切开，待用。

2 洗净的生菜切小块，待用。

3 热锅，放入黄油，煎至溶化。

4 放入对半切开的芝麻小汉堡，稍微煎至吸入黄油，盛出待用。

5 再放入海鲜肠稍微煎热，取出。

6 在汉堡面包底部放入海鲜肠。

7 再放入奶酪片。

8 最后放上生菜，盖上汉堡面包即可。

> 烘焙妙招
>
> 　　由于黄油的沸点比较低，所以用中火煎制就可以了。

大亨堡面包

⏱ 烘焙：15分钟　🍲 难易度：★★★

📖 材料

高筋面粉300克，低筋面粉56克，细砂糖40克，盐5克，酵母粉7克，清水200毫升，无盐黄油50克，火腿肠3根，鸡蛋液少许，生菜叶适量，番茄酱少许

👨‍🍳 做法

1　将高筋面粉、低筋面粉、细砂糖、盐、酵母粉倒入大玻璃碗中，搅匀，倒入清水，翻拌几下，再用手揉成无干粉的面团。

2　取出面团，放在操作台上，反复揉搓至起筋。

3　将面团按扁，放上无盐黄油，揉扯至面团与无盐黄油混合均匀，再收口、搓圆。

4　将面团放回大玻璃碗中，封上保鲜膜，静置发酵约30分钟。

5　取出面团，用刮板分切成3等份，收口、搓圆。

6　将面团擀成椭圆形的面皮，从一边开始将面皮卷起成橄榄形的面包坯。

7　取烤盘，铺上油纸，放上面包坯，放入已预热至30℃的烤箱中层，静置发酵约30分钟。

8　取出烤盘，用刷子刷上一层鸡蛋液，放入已预热至160℃的烤箱中层，烤15分钟。

9　取出面包，从中间切开，但底部不切断。

10　塞入生菜叶、火腿肠，再在火腿肠上挤上番茄酱即可。

蔬菜三明治

⏱ 制作：6分钟　🍲 难易度：★ ☆ ☆

📖 材 料

方形白吐司2片（做法见P087），樱桃萝卜100克，午餐肉60克，奶酪2片，生菜适量，蛋黄酱20克

👨‍🍳 做 法

1 樱桃萝卜洗净，切成片；生菜洗净。

2 午餐肉切片。

3 吐司切去四边。

4 将吐司放入预热至180℃的烤箱中烤约2分钟后取出。

5 分别在吐司一面抹上蛋黄酱。

6 把吐司没有涂酱的一面朝下放，在上面依次放上生菜、樱桃萝卜片。

7 再放上生菜、午餐肉、奶酪片，再盖上另一片吐司。

8 从中间一分为二切开即可。

烘焙妙招

　　如果想选甜而脆的樱桃萝卜就选根须少的。

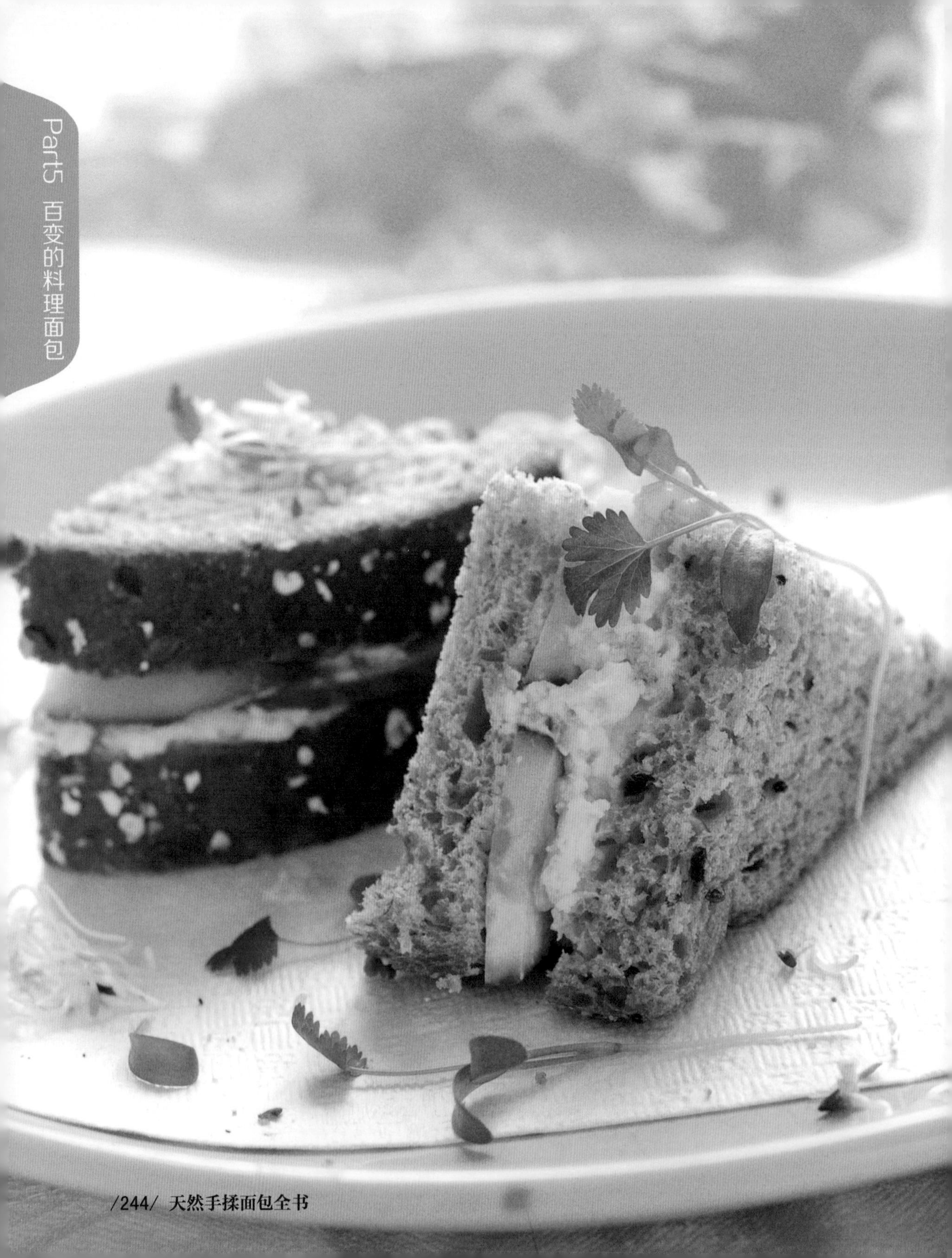

黄瓜鸡蛋三明治

⏱ 制作：5分钟　🍲 难易度：★☆☆

🍶 材料

核果吐司2片（做法见P103），蛋白100克，黄瓜50克，香菜少许，沙拉酱适量，橄榄油10毫升

👨‍🍳 做法

1 核果吐司切去四边。

2 黄瓜切成薄片待用。

3 在烧热的锅中注入橄榄油，将蛋白倒入锅中，快速翻炒成小块状盛出。

4 将一片核果吐司平铺，挤上沙拉酱，再平放上蛋白。

5 在蛋白上挤上沙拉酱，将黄瓜片放到鸡蛋上。

6 再挤上沙拉酱，将另一片核果吐司放到最上面。

7 将三明治放到案板上。

8 用刀将三明治对角切开，盛入盘中，点缀上香菜即可。

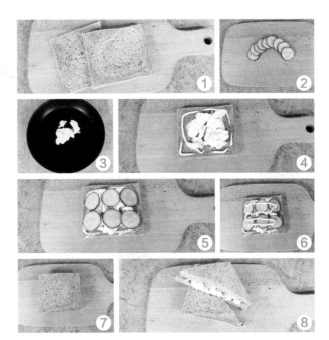

烘焙妙招

　　煎蛋白时，不宜大火，以免蛋白烧焦，影响口感。

火腿三明治

⏱ 制作：7分钟　　🍲 难易度：★☆☆

📖 材料

火腿肠1根，酸黄瓜（切片）40克，方形白吐司2片（做法见P087），圣女果30克，生菜叶20克，沙拉酱适量，食用油适量

👨‍🍳 做法

1　将火腿肠切成长片；将圣女果去蒂，切成片；将酸黄瓜切成片。

2　平底锅中倒入食用油烧热，将火腿肠片铺在锅底，用中小火煎至上色，盛出火腿肠，沥干油分，待用。

3　另起干净的平底锅加热，放入吐司，用中火煎至底面呈金黄色，翻面，继续煎至呈金黄色，依此法将另一片吐司煎好。

4　取出煎好的吐司，在表面来回挤上沙拉酱，放上洗净的生菜叶。

5　在其中一块吐司上放上酸黄瓜，挤上沙拉酱。

6　放上煎好的火腿肠，来回挤上沙拉酱，放上圣女果，来回挤上沙拉酱。

7　盖上另一片铺有生菜的吐司，轻轻压紧。

8　用刀修去四边、四角，再沿对角线切成4块，装盘即可。

热力三明治 ⏱ 制作：7分钟 🍲 难易度：★ ☆ ☆

🥫 材 料

熏火腿40克，生菜20克，黄油20克，方形白吐司2片（做法见P087），奶酪2片

👨‍🍳 做 法

1 熏火腿切成片，待用。

2 洗净的生菜切段，待用。

3 将吐司四周修整齐，待用。

4 热锅放入黄油熔化，放入两片吐司，略微煎香，在两片吐司上放上熏火腿片。

5 放入两片奶酪。

6 再放入熏火腿片、生菜叶。

7 将两片三明治往中间一夹，煎至表面金黄色。

8 将煎好三明治盛出，对角切开即可。

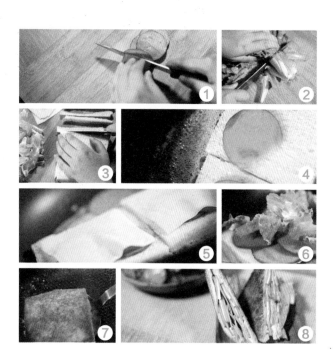

什锦蔬菜干酪吐司

⏱ 制作：10分钟　🍲 难易度：★ ☆ ☆

📖 材料

方形白吐司1片（做法见P087），茄子100克，黄瓜50克，生菜30克，红彩椒30克，黄彩椒30克，干奶酪50克，樱桃番茄50克，迷迭香适量，盐3克，橄榄油10毫升

👨‍🍳 做法

1　将黄瓜切成片。

2　将红彩椒、黄彩椒、生菜都切成条。

3　将茄子切成片。

4　将茄子片、红彩椒条、黄彩椒条撒上少许盐，刷上橄榄油，放入烤箱，烤软取出。

5　将黄瓜片刷上油，撒上盐，烤软。

6　将樱桃番茄刷上油，烤软，取出。

7　在吐司片上放上生菜，然后依次放上茄子片、黄彩椒条。

8　再放上干奶酪、红彩椒条、黄瓜片。

9　后将樱桃番茄放在上面，再放上迷迭香装饰即可。

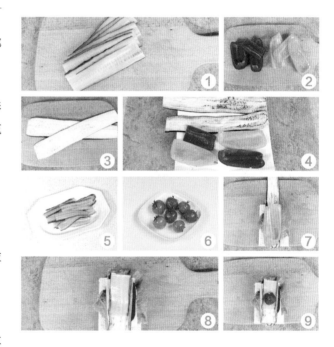

烘焙妙招
　　烤茄子前将茄子刷上少量橄榄油，这样更容易烤软。

蒜香吐司

⏱ 制作：8分钟　🍲 难易度：★☆☆

🗂 材 料

方形白吐司2片（做法见P087），葱7克，蒜20克，盐2克，无盐黄油35克

👨‍🍳 做 法

1 将洗净的葱切成葱花，去外衣的蒜切成末。

2 将切好的蒜末放入装有葱花的碗中，用勺子翻拌均匀。

3 倒入盐，继续拌匀，倒入隔水溶化的无盐黄油里，搅拌均匀，即成葱蒜酱。

4 将吐司的四边切掉，再沿对角线切成三角块。

5 用刷子蘸上葱蒜酱，刷在切好的吐司上。

6 将刷有葱蒜酱的一面贴在平底锅上。

7 在吐司表面再刷上一层葱蒜酱。

8 用小火煎出香味，煎至吐司两面呈金黄色，盛出即可。

> **烘焙妙招**
>
> 　　大蒜要切碎，切得越细越好，口感更为细腻。